土壤污染状况调查典型案例详解

焦永杰　主编

中国环境出版集团·北京

图书在版编目（CIP）数据

土壤污染状况调查典型案例详解/焦永杰主编. —北京：中
国环境出版集团，2022.9
ISBN 978-7-5111-5284-8

Ⅰ. ①土… Ⅱ. ①焦… Ⅲ. ①土壤污染—调查研究—
案例 Ⅳ. ①X53

中国版本图书馆 CIP 数据核字（2022）第 161077 号

出 版 人	武德凯	
责任编辑	丁莞歆	
责任校对	薄军霞	
封面设计	岳 帅	

出版发行　中国环境出版集团
　　　　　（100062　北京市东城区广渠门内大街 16 号）
　　　　　网　　址：http://www.cesp.com.cn
　　　　　电子邮箱：bjgl@cesp.com.cn
　　　　　联系电话：010-67112765（编辑管理部）
　　　　　　　　　　010-67147349（第四分社）
　　　　　发行热线：010-67125803，010-67113405（传真）
印　　刷　北京建宏印刷有限公司
经　　销　各地新华书店
版　　次　2022 年 9 月第 1 版
印　　次　2022 年 9 月第 1 次印刷
开　　本　880×1230　1/32
印　　张　5.75
字　　数　150 千字
定　　价　32.00 元

编 委 会

主　编：焦永杰

副主编：张金凤　冯海军　张　涛　徐　森　康　磊
　　　　魏　巍　聂荣恩　岳　勇　隋　峰　马艳宁
　　　　陈　红

编　委：（排名不分先后）

前　言

近年来，随着我国城市化建设的飞速推进，城市布局不断调整，许多工厂与企业陆续迁出或做出经营变更，从而遗留下大量的废弃工业场地。在长时间的工业生产运行下，大量污染物以不同形式进入土壤及地下水，造成不同程度的污染。在土地二次开发利用过程中，其中的污染物给土壤和地下水及周边的生态环境，尤其是人体健康带来较大的风险。因此，为保障人体健康、保护生态环境、加强建设用地环境保护监督管理、规范建设用地土壤污染状况调查，国家出台了《中华人民共和国土壤污染防治法》及相关配套法律法规、技术标准与技术导则，用于规范污染地块环境管理、土壤污染状况调查及治理修复工作。

本书以化工行业三个典型搬迁企业所在地块的调查项目为例，分解土壤污染状况调查工作程序，对化工企业土壤污染状况的初步调查、详细调查及风险评估工作进行了详细介绍，重点阐述了调查工作中的污染识别、初步采样分析和详细采样分析等工作过程，图文结合紧密，具有很强的实用性和指导性，可供环境工程、环境科学、环境管理、生态工程等专业的技术人员和管理人员参考与借鉴。

　　本书在编写过程中得到了地勘及检测公司的大力帮助和支持，在此表示感谢。由于编者水平有限，书中难免存在疏漏、错误和不当之处，恳请广大同行和读者朋友批评指正。

编　者
2022 年 1 月

目　录

第1章　场地污染调查基本原则及工作程序 1

1.1　场地污染调查背景 1

1.2　场地污染调查目的 1

1.3　场地污染调查原则及依据 2

1.4　场地污染调查工作方案 5

第2章　案例1：某化工片区搬迁改造地块土壤环境调查 8

2.1　场地项目概况 8

2.2　污染识别 8

2.3　地块水文地质勘察情况 18

2.4　初步采样及分析 23

2.5　风险分级 44

2.6　结论及建议 50

第3章　案例2：某化工厂搬迁项目地块土壤环境调查 52

3.1　场地项目概况 52

3.2　污染识别 52

3.3　地块水文地质勘察情况 65

3.4　详细采样及分析 69

3.5　结论及建议 89

第 4 章　案例 3：某化工公司搬迁项目地块土壤环境调查 92
4.1　场地项目概况 92
4.2　污染识别 92
4.3　地块水文地质勘察情况 112
4.4　补充采样及分析 118
4.5　风险评估 134
4.6　结论及建议 174

第 1 章　场地污染调查基本原则及工作程序

1.1　场地污染调查背景

土壤污染状况调查是为掌握土壤污染情况而进行的调查活动。通过调查可以掌握土壤及地下水所含污染物的种类、含量水平和空间分布，可以考察其对人体、生物、水体和空气的危害，为强化环境管理、制定防治措施提供科学依据。调查对象通常是可能受到有害物质污染的土壤。

本书以化工行业三个典型搬迁企业所在地块的土壤污染状况初步调查、详细调查及污染地块风险评估项目为典型案例，解析了土壤污染状况调查及环境风险评估的主要工作内容。

1.2　场地污染调查目的

为加强地块开发利用过程中的环境管理、保护人体健康和生态环境、防止地块环境污染事故发生、保障人民群众生命安全、维护正常的生产建设活动，自 2004 年起，国务院、环境保护部门发布了一系列相关法规条文以加强污染地块管理，并强调场地再次开发使用前应按照有关规定开展土壤健康风险评估。

1.3　场地污染调查原则及依据

1.3.1　调查原则

土壤污染状况调查是基于主观判断和客观数据相结合的综合调查活动，调查过程应遵循以下原则。

一是针对性原则。项目调查过程中所使用的土壤、地下水含量数据及土壤、地下水性质参数均来自项目场地本身，因此项目的调查评估结果将最大限度地接近场地实际污染状况所产生的风险，调查评估结果也只适用于这个特定场地。

二是规范性原则。目前，中央和地方环境管理部门发布了一系列场地调查评估相关法律、标准和规范性文件，构建起了较为完整的污染场地风险评估和环境管理体系。项目调查应尽可能遵照最新的土壤环境风险评估政策和相关标准开展工作。当现行标准对污染场地缺乏有效指导时，可以从科学角度采用场地调查方面最新的研究成果及美国、欧洲等国家和地区的成熟经验进行综合分析和合理判断，以现场问题为导向，科学分析和论述与目标场地相关的调查方法、分析方法、评估方法和修复技术等问题。

三是可操作性原则。应采用程序化和系统化的方式规范场地环境调查过程，以保证调查过程的科学性和客观性。同时，在确定修复目标值和划定修复范围时，要充分考虑后期施工的可行性，保证调查结果真实、可信、可用。

1.3.2　调查依据

调查过程中参考的政策、法规及技术规范等依据包括但不限于以下内容[①]：

- 《中华人民共和国环境保护法》（最新修订版自 2015 年 1 月 1 日起施行）；

- 《中华人民共和国固体废物污染环境防治法》（最新修订版自 2020 年 9 月 1 日起施行）；

- 《中华人民共和国水污染防治法》（最新修订版自 2018 年 1 月 1 日起施行）；

- 《中华人民共和国土壤污染防治法》（自 2019 年 1 月 1 日起施行）；

- 《国务院关于加强环境保护重点工作的意见》（国发〔2011〕35 号）；

- 《国务院办公厅关于印发近期土壤环境保护和综合治理工作安排的通知》（国办发〔2013〕7 号）；

- 《国务院办公厅关于推进城区老工业区搬迁改造的指导意见》（国办发〔2014〕9 号）；

- 《土壤污染防治行动计划》（国发〔2016〕31 号）；

- 《关于保障工业企业场地再开发利用环境安全的通知》（环发〔2012〕140 号）；

- 《关于加强工业企业关停、搬迁及原址场地再开发利用过程中污染防治工作的通知》（环发〔2014〕66 号）；

- 《污染地块土壤环境管理办法（试行）》（环境保护部令 2016 年　第 42 号）；

- 《关于印发地下水污染防治实施方案的通知》（环土壤〔2019〕25 号）；

[①]本书在后续章节的典型案例中所列的标准及规范均为项目实施期间所执行的标准及规范，有些并非当前最新版本，可能与此处所列有所不同。

- 《建设用地土壤污染状况调查技术导则》(HJ 25.1—2019);
- 《建设用地土壤污染风险管控和修复术语》(HJ 682—2019);
- 《关于发布〈工业企业场地环境调查评估与修复工作指南(试行)〉的公告》(环境保护部公告 2014 年 第 78 号);
- 《关于发布〈建设用地土壤环境调查评估技术指南〉的公告》(环境保护部公告 2017 年 第 72 号);
- 《地下水环境状况调查评价工作指南》(环办土壤函〔2019〕770 号);
- 《土壤环境监测技术规范》(HJ/T 166—2004);
- 《地下水环境监测技术规范》(HJ 164—2020);
- 《地块土壤和地下水中挥发性有机物采样技术导则》(HJ 1019—2019);
- 《土壤环境质量 建设用地土壤污染风险管控标准(试行)》(GB 36600—2018);
- 《场地土壤环境风险评价筛选值》(DB11/T 811—2011);
- 《地下水质量标准》(GB/T 14848—2017);
- 加利福尼亚州筛选值(*Screening for Environmental Concerns at Sites with Contaminated Soil and Groundwater*);
- EPA 区域筛选值(Regional Screening Level,RSL)2019;
- 其他地方相关标准及技术规范。

1.4　场地污染调查工作方案

1.4.1　调查方法和工作内容

1．第一阶段场地调查

该阶段通过资料收集、场地踏勘和人员访谈等形式调查场地地质、水文地质情况；摸清场地利用历史及现状，收集并分析造成土壤污染的生产活动信息，构建污染场地概念模型。若第一阶段调查确认地块内及周围区域当前和历史上均无可能的污染源，则认为该地块的环境状况可以接受，本阶段调查活动可以结束。

2．第二阶段场地调查

若第一阶段调查表明地块内或周围区域存在可能的污染源，如化工厂、农药厂、加油站等可能产生有毒有害物质的设施，以及由于资料缺失等因素无法排除地块内外是否存在污染源时，则进行第二阶段场地调查。该阶段通常可以分为初步采样分析和详细采样分析两步。

初步采样分析，即通过对土壤和地下水采样，结合场地调查确定的目标污染物，检测样品中的污染物含量，并与筛选值进行比对，初步识别和判断场地环境污染的可能性及范围。根据初步采样分析结果，如果污染物浓度均未超过《土壤环境质量　建设用地土壤污染风险管控标准（试行）》等国家和地方相关标准及清洁对照点浓度（有土壤环境背景的无机物），并且经过不确定性分析确认不需要进一步调查后，本阶段场地调查工作可以结束；反之，则认为该场地存在环境风险，须进行详细调查。标准中没有涉及的污染物可根据专业知识和经验进行综合判断。详细采样分析是在初步采样分析的基础上进一步开展的采样分析，用来确定土壤污染的程度和范围。

3．风险评估

根据第二阶段的土壤和地下水样品检测数据，对可能存在环境风险的地块开展风险评估。对比相关标准，初步判定污染情况，准确圈定污染范围，确保修复工作更高效、更具针对性。

1.4.2 技术路线

土壤污染状况调查技术路线见图 1-1。

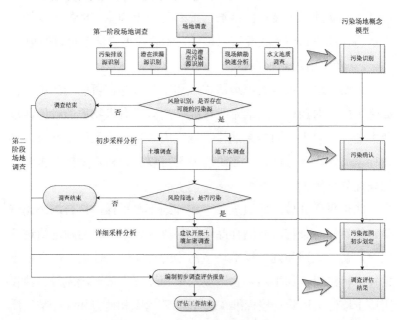

图 1-1　土壤污染状况调查技术路线

土壤污染风险评估技术路线见图 1-2，分为危害识别、暴露评估、毒性评估、风险表征和控制值计算 5 个主要模块。

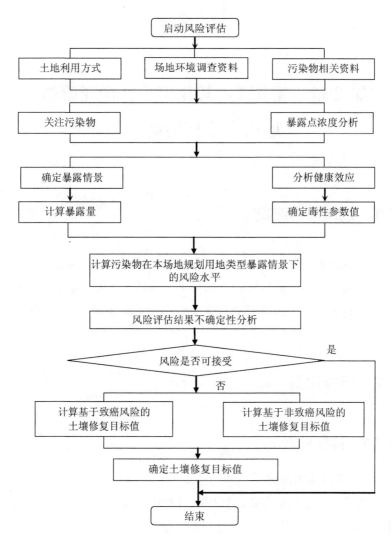

图 1-2　土壤污染风险评估技术路线

第 2 章　案例 1：某化工片区搬迁改造地块土壤环境调查

2.1　场地项目概况

项目场地为某化工片区搬迁改造地块，占地面积约为 500 亩①。

为明确场地污染情况、降低场地土壤环境风险、满足场地后续开发利用要求，2018 年该化工企业在该地块开展了土壤环境调查工作。

2.2　污染识别

2.2.1　信息采集

1. 资料收集情况

为广泛收集场地及周边区域的自然环境状况、环境污染历史、水文地质条件等信息，技术人员先通过人员访谈、电子邮件等形式收集地块的相关情况，后又对场地管理机构的工作人员和周边的知情人员进行了走访调查，以便核实已有的资料信息。

---

① 1 亩=1/15 hm²。

2．人员访谈情况

以访谈的形式，对场地管理机构的工作人员、环保行政主管部门的工作人员及熟悉场地的第三方人员（原企业有关工作人员、附近居民等）进行调查，核实已有资料信息，补充获取场地相关信息资料。

3．现场踏勘情况

为调查场区基本情况、判断是否具备进场条件、明确场地周边敏感目标分布、获取周边企业生产情况等信息，并初步判断场地污染状况及表层土壤污染分布情况，调查人员对污染场地进行了现场踏勘。

通过现场踏勘发现，场地内原有建（构）筑物保持原状，均未拆除；地块内仍有大面积电石渣堆存，现已用防尘网进行苫盖；场地安排有专职人员进行看管和巡查，未发现垃圾堆存现象和明显的污染痕迹；位于地块东北角的污染集中处理区内，中和池仍在使用，池内积水主要为厂内留守职工产生的生活污水，曾经的酸水池和碱水池自该化工企业停产后均已被清空，现有积水均来自夏季降雨。

2.2.2 地块及周边情况

1．地块现状及历史

（1）地块现状

根据人员访谈得知，该地块范围内主要为电石渣堆存区域，地块东北为全厂的污水集中处理区域，西北角为热电分厂的冷水塔。现场踏勘获取的地块现状信息如下：

- 地块内仍有大面积电石渣堆存，已用防尘网进行苫盖，地块南侧的电石渣清挖区域内存有雨水积水，地块有专人看管，不可随意进入；

- 在地块东北角的污水集中处理区内，水池均已停用，曾经的酸水池和碱水池均已被清空，现有积水来自夏季降雨，原始建筑均未拆除；
- 地块西北角的热电分厂的冷水塔未拆除，但已停用，地块北侧的水塘为热电分厂的循环水池，属于天然坑塘，主要以雨水积水为主；
- 全厂的污水均通过架空的管廊输送至污水处理池，地上的输送管道均未拆除，未发现地下输送管道和污染遗留的痕迹。

（2）地块历史使用情况

本项目调查地块位于化工厂内，该厂是重点氯碱化工企业。

通过人员访谈和现场踏勘得知（表 2-1），该地块历史上一直为荒地，1956 年聚氯乙烯分厂建成之后，在该区域开挖了一个深度为 3.5～4 m 的大坑，用于堆存生产过程产生的电石渣，生产期间电石渣堆最高可达到十几米，一部分电石渣可直接出售，另一部分被运送至该化工企业的环保厂，通过清污分流、沉淀、浓缩、压滤等工序制成滤饼后再出售；地块的东北角为全厂污水集中处理区，包括酸水池、碱水池、污水中和池和沉淀池等，主要负责对全厂输送来的生产废水进行中和处理，待调节 pH 达到污水排放标准后再排至污水处理厂；地块的西北角为热电分厂的冷水塔，是电厂用于冷却水的构筑物，其工作原理是利用吹进来的风与由上洒下来的水形成对流，把热带走，降低水的温度，为电厂提供循环冷却水。

2. 地块周边敏感目标

根据谷歌地球（Google Earth）历史影像图及现场踏勘可知，本项目地块周边 800 m 范围内的敏感目标较少，地块周边人群主要为企业职工，无居民区、学校、医院等敏感目标。在本项目地块周边有公司宿舍和生活区。

表 2-1 场地内主要建筑及其功能

所在区域	建筑物名称	功能
热电分厂 冷水塔 区域	循环水泵房	经循环水泵房将冷却水再次供给热电分厂
	冷水塔	对地块北侧热电分厂产生的高热水进行冷却
	循环水池	池内为热电分厂冷却水，自然形成的水坑以雨水积水为主
	水沟	2014 年形成，是原有堆土被清挖后自然形成的水沟
污水集中 处理区域	废酸水池	收集全厂产生的废酸水
	废碱水池	收集全厂产生的废碱水，主要是电石渣压滤产生的废水
	中和池	废水酸碱中和
	沉降池	中和后的废水进入该池沉淀
	集水池	沉淀后的上清液收集池
电石渣堆 存区域	电石渣 堆存区	堆存生产过程产生的电石渣（含渣量为 5%左右），生产期间的电石渣堆最高可达到十几米
	电石渣 清挖区	一部分电石渣可直接出售，另一部分被运送至该化工企业的环保厂；电石渣清挖外运后形成的水塘以雨水积水为主，可能含电石渣渗滤液

3. 地块周边使用情况

本项目地块北侧为该化工企业的生产及仓储区，南侧为其他生产型企业，西侧为空地，东侧为该化工企业的环保厂。

2.2.3 原企业生产情况及排放源识别

经调查可知，该化工企业的主要产品包括各类氯碱产品、环氧氯丙烷、四氯化钛、一氯化苯、硫氢化钠及氯化钡、聚氯乙烯树脂、聚氯乙烯糊树脂、聚氯乙烯消光树脂及掺混树脂、滴滴涕、六六六等。本项目地块主要分为电石渣堆存区域、污水处理区域和热电分厂的冷水塔区域，以下对各个分区的使用情况进行简要分析。

1. 电石渣堆存区域

通过人员访谈和现场踏勘可知，该地块历史上一直为荒地，未从事过生产活动，1956 年该化工企业的分厂建成之后，在该区域开挖了一个大坑，用于堆存生产过程产生的电石渣。电石渣浆是电石与水作用生成乙炔气后排出的渣浆，其含水量超过 90%，固体物质中以氢氧化钙为主要化学成分。

此外，该区域还堆存过各种盐泥、污泥等物质。盐泥的主要成分包括氢氧化镁、碳酸钙、硫酸钡、氯化钠及泥沙等。

该区域涉及的污染指标主要为 pH、钡等。

2. 污水处理区域

该地块的东北角为全厂污水集中处理区，包括酸水池、碱水池、污水中和池和沉淀池等，主要负责对全厂输送来的生产废水进行中和处理，待调节 pH 达到污水排放标准后再排至污水处理厂。

该化工企业的排水系统实行清污分流，共有 3 个排污口：

- 2016 年以前，生活污水、雨水及设备冷却水、循环水等清净下水通过雨水管道经污水排口（清净下水总排口）排入运河。

- 聚氯乙烯分厂、烧碱分厂、氯产品分厂产生的废水先排至聚氯乙烯分厂西南侧边界处的污水汇集池，经污水泵通过架空管廊排至该地块内污水处理区的废酸水池；四氯化钛分厂和蛋氨酸分厂产生的废水通过架空管廊直接排至该地块内的废酸水池；热电分厂产生的冲渣废水和电石渣压滤产生的压滤废水通过架空管廊排至该地块内的废碱水池；全厂的生产废水经酸碱中和调节 pH 后，通过污水总排口排至污水处理厂。

- 环氧氯丙烷分厂配套有污水处理设施，生产废水经分厂污水处理站处理后，通过环氧氯丙烷分厂的排污口排至污水处理厂，该排污口在环氧氯丙烷分厂停产后也被停用了。

该企业的废水处理过程主要是借助废酸水与废碱水发生中和反应，控制外排废水的 pH；通过加入高分子复合絮凝剂（主要成分为聚丙烯酰胺）、沉淀及滗水器滗水等方法处理悬浮物，以确保外排水的 pH 和悬浮物达到排放标准。废酸水和废碱水经管路在线检测酸碱浓度配比后进入中和池，上清液由滗水器滗水到清水池，检测合格后外排。沉降池池底蓄积的污泥用管道泵输送至电石渣压滤区的浓缩池进行压滤，制成泥饼。

因为该区域为全厂污水集中处理区，所以可能包含所有产品生产过程中涉及的污染指标，主要有 pH，重金属，氰化物，苯系物类、卤代烃类等挥发性有机物（VOCs），多环芳烃（PAHs）类、农药类等半挥发性有机物（SVOCs）和石油烃等。

3. 热电分厂的冷水塔区域

该地块的西北角为热电分厂的冷水塔，是电厂用于冷却水的构筑物。该区域内未从事过生产活动，主要通过循环为热电分厂提供冷却水。

根据人员访谈可知，在热电分厂运行期间，可能有热电锅炉的粉煤灰被填埋至本地块内，从而造成土壤和地下水的有机污染。据了解，我国大气中 40%以上的汞污染来自燃煤电厂的烟气排放，因此热电分厂燃煤锅炉的烟尘沉降可能造成该区域土壤重金属汞污染。

该区域涉及的污染物主要有重金属汞，苯系物类、卤代烃类等 VOCs，PAHs 和石油烃等。

综上所述，本项目地块范围内可能涉及的污染指标种类见表 2-2。

表 2-2　本项目地块范围内可能涉及的污染指标种类

所在区域	污染物名称	可能涉及的污染指标
电石渣堆存区域	电石渣	pH
	盐泥	重金属钡等
污水处理区域	污水	pH，重金属，氰化物，苯系物类、卤代烃类等 VOCs，PAHs 类、农药类等 SVOCs 和石油烃等
	污泥	
热电分厂的冷水塔区域	热电锅炉烟尘	重金属汞、苯系物类、卤代烃类等 VOCs
	粉煤灰	

2.2.4　地块初步污染概念模型

1. 污染产生过程分析

通过分析该地块的历史使用情况和周边使用情况，地块内潜在污染的产生和分布主要由电石渣堆存、污水处理、热电分厂粉煤灰堆存和周边企业污染扩散等因素共同决定。

（1）污水处理过程中废水渗漏、污泥残留

该地块内的污水处理区为全厂污水集中处理区，包括酸水池、碱水池、污水中和池、沉淀池等。在污水处理过程中，可能因池底及周边硬化破损而导致污染物渗漏至土壤和地下水中，造成土壤和地下水污染。污水集中处理区产生的污泥可能残留在土壤中，造成土壤污染。在污泥堆存、转运过程中，由于现场有扰动现象，可能造成污染范围扩大。

该区域涉及的污染指标包含全厂生产过程中可能涉及的污染指标，如 pH、重金属、氰化物、卤代烃类、苯系物类、农药类等。

（2）电石渣渗滤液下渗、盐泥残留

电石渣堆存时间较长，可能会有电石渣渗滤液下渗至土壤和地下水中。此外，该区域还存放过盐泥等物质，这些物质在堆存、清挖、转运过程中可能残留在土壤中，由于现场存在扰动情况，可能造成该区域及附近区域土壤环境污染。

（3）热电锅炉烟尘沉降、粉煤灰残留

热电分厂位于该地块场外北侧，是热电分厂冷水塔、循环水泵房、循环水池所在地。热电分厂运行期间，可能因热电锅炉烟尘沉降至土壤中而造成土壤污染；同时，锅炉燃烧产生的粉煤灰填埋至该地块内，也可能造成土壤和地下水的有机污染。此外，由于该地块范围内主要为该化工厂的堆存区，区域内也有盐泥、污泥等物质堆存或存放，这些物质在清挖、转运过程中可能残留在土壤中，并且现场存在扰动情况，可能造成该区域及附近区域土壤环境污染。

通过以上分析，归纳总结出污染产生的过程（图 2-1）。该地块涉及的污染指标主要有 pH，重金属，苯系物类、卤代烃类等 VOCs，PAHs 类、农药类等 SVOCs 和石油烃等。

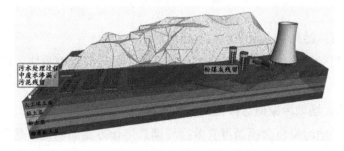

图 2-1　污染产生过程示意图

2. 污染物迁移扩散分析

（1）污染物在土壤中的迁移扩散

根据以上分析，项目场地可能存在的污染物在土壤中具有一定的自然迁移性。

对于人工填土层，由于其空隙和渗透系数较大，因此若发生石油烃、VOCs 等有机污染物及离子态重金属污染物的泄漏，在一定条件下极有可能穿透该层；单质态、氧化态等形态的重金属穿透该层的概率较小（特殊金属除外，如重金属汞等）。

如果污染扩散至黏土层（含水层顶板），由于该层的渗透系数较小，各类污染物穿透该层的可能性不高，但若该层存在粉土与粉砂互层等水文地质条件，污染物穿透该层的可能性将会增大。

如果污染扩散至粉土层（含水层），由于该层的渗透系数较大且一般为稳定含水层，各类污染物很有可能受到地下水流向的影响而造成较大范围的水平扩散和纵向扩散，一般若该层土壤被污染，其地下水下游方向均存在被污染的可能。

如果污染扩散至粉质黏土层，由于该层的渗透系数较小且为相对不透水层，对污染物有明显阻隔作用，污染物一般不会穿透该层。

（2）污染物在地下水中的迁移扩散

相对于土壤而言，污染物在水介质中的迁移速度更快，同时受地下水流向的影响，可能导致含水层下部土壤被污染。

3. 场地污染概念模型的初步构建

场地污染概念模型可有效指导调查工作方案的制定，是调查技术方案的前提和依据。基于已获得的场地信息及相关分析，可从场地污染概念模型的角度分析该场地污染的产生、扩散及对未来受体人群的影响过程（表 2-3）。

表 2-3　场地污染概念模型

潜在污染源	潜在污染区域	污染介质	污染指标类型	迁移途径	暴露途径	介质	受体
电石渣、电石渣渗滤液、盐泥等	电石渣堆存区域	表层土壤	pH、钡等	污染土壤直接接触	经口摄入、皮肤接触、吸入颗粒物	土壤	成人、儿童
		下层土壤、地下水		非饱和区的蒸汽传输	呼吸吸入蒸汽	空气	
废水渗漏、污泥残留	污水处理区	表层土壤	pH、重金属、氰化物、石油烃、VOCs、SVOCs	污染土壤直接接触	经口摄入、皮肤接触、吸入颗粒物	土壤	成人、儿童
		下层土壤、地下水		非饱和区的蒸汽传输	呼吸吸入蒸汽	空气	
热电锅炉烟尘、粉煤灰	热电分厂的冷水塔区	表层土壤	VOCs、SVOCs	污染土壤直接接触	经口摄入、皮肤接触、吸入颗粒物	土壤	成人、儿童
		下层土壤、地下水		非饱和区的蒸汽传输	呼吸吸入蒸汽	空气	
场地外企业污染扩散	地块周边临近边界处	地下水	重金属、VOCs、SVOCs、石油烃	非饱和区的蒸汽传输	吸入颗粒物、呼吸吸入蒸汽	空气	成人、儿童

2.2.5　污染识别结论

根据已获得的信息，初步判定该化工厂地块可能存在环境污染，污染来源可能为电石渣堆存区的电石渣渗滤液下渗、盐泥残留，污水处理过程中的废水渗漏、污泥残留，热电锅炉的烟尘沉降、粉煤灰残留及周边企业的污染扩散等，场地关注污染指标包括 pH，重金属，氰化物，苯系物类、卤代烃类等 VOCs，PHAs 类、农药类等 SVOCs 和石油烃等。

综合考虑项目地块原场地的使用情况，初步认为该场地可能由于原场地使用或周边污染扩散造成潜在的环境污染,建议通过现场采样、实验室检测等方式开展第二阶段场地调查,以进一步判断该场地是否存在环境污染情况。

2.3　地块水文地质勘察情况

2.3.1　水文地质概况

1. 勘察目的

查清可能受污染地块内的水文地质条件,以为污染物在地下水中的富集、迁移、转化,环境取样监测及污染分析评价提供水文地质依据。

2. 勘察手段

主要采取钻探、室内土工试验分析、现场量测等综合勘察手段。

3. 勘察工作量

实际工作量主要有区域地质与水文地质资料收集、场地水文地质钻探与土工试验、水位观测、现场水文地质试验及室内综合分析研究。

通过对收集的场地周围地质资料的分析发现,该场地的第一稳定隔水层(潜水相对隔水层)为全新统中组海相沉积层($Q_4^2 m$)淤泥质粉质黏土、淤泥质黏土(地层编号⑥$_2$)。本次水文地质勘察的对象为潜水含水层,水文地质勘察钻孔深度进入潜水相对隔水层;为了查清场地水文地质条件,布设了 13 个水文地质钻探点,分层取原状土样做物理性试验及渗透试验,并结合该地块的土壤环境调查工作建井 32 个(包括 10 个组井),洗井后测量水位,并选取 5 个监测井取水样进行水质分析。

2.3.2 土层分布条件

根据本次勘察获取的资料及《天津市地基土层序划分技术规程》（DB/T 29-191—2009）和《天津市岩土工程勘察规范》（DB/T 29-247—2017），该场地埋深约为 15.00 m，缺失坑、沟底新近淤积层（$Q_4^{3N}si$），全新统上组陆相冲积层（Q_4^3al）和全新统上组湖沼相沉积层（Q_4^3l+h），地层按成因、年代自上而下可分为 3 层，按力学性质可进一步划分为 5 个亚层。

1．人工填土层（Qml）

人工填土层在全场地均有分布，厚度为 1.60～8.00 m，底板标高为 7.35～4.81 m。该层自上而下可分为两个亚层。

第一亚层，杂填土（地层编号①₁）：厚度一般为 1.70～8.00 m，呈杂色、松散状态，杂填土主要为灰白色的电石渣，部分钻孔可见杂土和煤灰渣。其中，在电石渣清挖区域的 ZK10 号孔附近缺失该层。

第二亚层，素填土（地层编号①₂）：厚度约为 0.50 m，呈褐色、可塑状态，无层理，粉质黏土质，仅在 ZK1 号孔附近分布，填垫年限小于 10 年。

2．新近冲积层（$Q_4^{3N}al$）

该层厚度为 0.60～2.80 m，顶板标高为 7.35～4.81 m，主要由黏土（地层编号③₁）组成，呈褐黄色、可塑至软塑状态，无层理，含铁质，局部夹粉质黏土透镜体，在 ZK3 号孔附近缺失该层。

该层在水平方向上土质尚均匀，分布不甚稳定。

3．全新统中组海相沉积层（Q_4^2m）

本次勘察钻至最低标高−6.92 m，未穿透此层，揭露最大厚度为 11.00 m，顶板标高为 5.74～4.08 m。该层自上而下可分为两个亚层。

第一亚层，粉土（地层编号⑥$_{1-1}$）：厚度一般为 4.20～5.50 m，呈灰色、稍密至中密状态，无层理，含贝壳，局部夹粉质黏土透镜体。

第二亚层，淤泥质粉质黏土、淤泥质黏土（地层编号⑥$_2$）：本次勘察未穿透此层，揭露最大厚度为 6.50 m，呈灰色、流塑状态，有层理，含贝壳，局部夹粉质黏土、黏土透镜体。因为淤泥质粉质黏土与淤泥质黏土二者在力学性质上相似，所以在剖面上统一按淤泥质粉质黏土绘制。

该层在水平方向上土质总体较均匀，分布尚稳定。

2.3.3 地下水分布条件

1. 地下水赋存条件

基于本次水文地质勘察工作的地层物理性质、渗透性成果，可判定地下水赋存条件。

包气带：主要由人工填土层（Qml）杂填土（地层编号①$_1$）、素填土（地层编号①$_2$）及地下水面以上的新近冲积层（$Q_4^{3N}al$）黏土（地层编号③$_1$）组成，厚度与潜水水位埋深一致。在本次勘察期内，包气带厚度主要受地形等因素的影响，一般为 0.80～2.68 m；在电石渣堆存区域的陡坎附近厚度较大，一般为 3.29～6.13 m；在电石渣堆存区域南侧的积水坑塘附近及北侧部分地形较为低平处厚度较小，一般为 0.18～0.49 m。

潜水含水层：主要由地下水面以下的人工填土层（Qml）杂填土（地层编号①$_1$）、素填土（地层编号①$_2$），新近冲积层（$Q_4^{3N}al$）黏土（地层编号③$_1$）和全新统中组海相沉积层（Q_4^2m）粉土（地层编号⑥$_{1-1}$）组成，厚度一般为 6.61～11.29 m。总体来看，在电石渣堆存区域内，含水层厚度相对较大。

潜水相对隔水层：由揭露的全新统中组海相沉积层（Q_4^2m）淤泥质粉质黏土、淤泥质黏土（地层编号⑥$_2$）组成，总体透水性以极微透水为主，具有相对隔水作用。

2．场地地下水补、径、排条件

勘察期间，场地潜水主要接受大气降水补给，以蒸发排泄形式为主。地层渗透性较差，受局部地形、地势及大气降水影响较为明显，水位随季节有所变化。在地势平坦区域，地下水位一般年变幅在 0.50～1.00 m，而在电石渣堆存区域，受局部地形和地势的影响，地下水位变幅随季节变化相对更大。

由土壤环境调查过程中的取土孔成井，统一测量稳定自然水位（2018 年 11 月）。场地潜水水位埋深介于 0.18～6.13 m，水位高程介于 6.20～10.80 m（假设高程）。

受地形影响，场地地下水流场与区域地下水流场相比存在明显差异。场地地下水流场总体呈由场地中部向四周流动的趋势，其水力坡度较大，平均水力坡度约为 28.0‰。其中，在北侧水塘处，水塘周围水井的地下水位与水塘的水位标高（8.63 m）较为接近，由其附近的地下水流场可知，除水塘南侧接受中部电石渣堆存区域的地下水补给外，水塘水流还呈向其他 3 个方向流动的趋势，平均水力坡度约为 14.1‰。在场地南侧的积水坑塘附近，水井的地下水水位与积水坑塘的水位标高（6.19 m）较为接近，地下水呈由四周向坑塘流动的趋势，平均水力坡度约为 18.0‰。在场地西北侧的热电分厂的冷水塔附近，地下水大致呈由南向北流动的趋势，平均水力坡度约为 3.0‰。

根据各地下水监测井稳定水位的观测资料，综合分析绘制本场地及该化工企业整体地下水的流场图发现，本地块地下水流向与之前流向大体一致。

3. 地下水与周围地表水的水力联系

该地块内的地表水主要包括地块南侧的坑塘和东北侧的水塘。在勘察期内，地块南侧坑塘的水位标高约为 6.19 m，地块东北侧水塘的水位标高约为 8.63 m。

在勘察期内，地块内的地下水流场受场地地形影响明显。结合地块南侧坑塘和东北侧水塘的水位标高可知，在地块北侧的水塘处，水塘南侧水井的地下水水位标高高于水塘的水位标高，而其他 3 个方向的水井的地下水水位标高均低于水塘的水位标高。可见，除水塘南侧接受中部电石渣堆存区域的地下水补给外，水塘内的地表水向其他 3 个方向流动。在场地南侧的坑塘附近，周围水井的地下水水位标高高于坑塘的水位标高，地下水呈由四周向坑塘流动的趋势。

4. 地下水化学类型

本次勘察共取得 5 组地下水样品，对其进行的室内水质分析表明，场地潜水属 Cl-Na 型水。1 个地下水采样点位于地块内的污水集中处理区域，地下水的 pH 为 7.53，受西南侧水塘地表水补给的影响，总矿化度为 5 950.17 mg/L；1 个地下水采样点位于地块北侧边界处，地下水的 pH 为 7.31，总矿化度为 25 947.89 mg/L；3 个地下水采样点距离电石渣堆存区域较近，地下水的 pH 为 10.05～11.63，总矿化度为 11 667.93～29 098.53 mg/L。

2.3.4   水文地质勘察结论

一是在本次勘察期内，包气带厚度一般为 0.80～2.68 m；在电石渣堆存区域的陡坎附近厚度较大，一般为 3.29～6.13 m；在电石渣堆存区域南侧的积水坑塘附近及北侧部分地形较为低平处厚度较小，一般为 0.18～0.49 m。潜水含水层厚度一般为 6.61～

11.29 m。潜水相对隔水层以极微透水为主，具有相对隔水作用。

二是场地内潜水含水层的含水介质以粉土为主，局部夹粉质黏土透镜体，且其上部存在透水性较差的黏土层。由注水试验得到的潜水含水层的渗透系数大致介于 0.22～0.32 m/d。场地潜水水位埋深介于 0.18～6.13 m，水位高程介于 6.20～10.80 m（假设高程）。场地地下水流场总体呈由场地中部向四周流动的趋势，水力坡度较大，场地内潜水含水层的渗透系数较低，可能对污染物的迁移具有一定的影响。

三是场地潜水属 Cl-Na 型水。

2.4　初步采样及分析

2.4.1　采样方案

土壤采样点：场地内共布设土壤采样点 85 个，采样深度至粉土层，如有污染视情况而定。

地下水采样点：场地内共布设 32 个地下水监测井，用于采集地下水样，水井深度至第一层含水层底板。其中，有 10 个设置为组合井，分别用于采集稳定含水层的上层水和下层水。

地表水采样点：在场内有地表水的区域共布设 14 个地表水采样点。

底泥采样点：在场内有地表水的区域或干涸的水池共布设 13 个底泥采样点。

2.4.2 现场采样

1. 采样点布设

（1）布点方法

项目地块的主要建筑和设备均未拆除，根据人员访谈和场地历史影像资料确定地块内各区域的历史用途，采用《场地环境调查技术导则》（HJ 25.1—2014）中的系统随机布点法，判断场地内的疑似污染区域，分析可能的污染产生过程及迁移扩散方式，依此布设若干采样点。布点方法如下：

①电石渣堆存区域采样点布设

电石渣堆存区域污染分布比较均匀，可采用系统随机布点法对其进行均匀布点。该区域有 2 个电石渣高堆，考虑采样过程中可能会有塌方危险，故在电石渣堆下方进行采样；由于电石渣清挖区域的部分区域有雨水积水，因此在沥干区域进行钻探取样，在积水较深（约 0.5 m）的区域分别布设底泥和地表水采样点。

②污水集中处理区域采样点布设

污水集中处理区域水池较多，在水池周边按照 40 m×40 m 网格布点法进行布点；水池底部均有硬化，故在每个水池内分别布设底泥和地表水采样点。

③热电分厂冷水塔区域采样点布设

热电分厂冷水塔区域可能有热电锅炉烟气沉降和粉煤灰填埋，为调查该区域的污染分布情况，按照 40 m×40 m 网格布点法进行布点。该区域内的循环水池为自然坑塘，底部无硬化，故在每个池内分别布设底泥和地表水采样点。

④地下水采样点布设

根据大区域地下水流向进行地下水采样点布设，保证基本能覆盖整个场地，通过地下水样品检测判断地下水是否受到污染，同时观测地下水位，确定场地范围内的地下水流向。

⑤地表水采样点布设

地块内的污水集中处理区有集水池、中和池、沉降池、废酸水池和废碱水池等，根据水池大小，每个水池布设 1～2 个采样点，其中废碱水池已干涸，因此未布设地表水采样点。热电分厂冷水塔区域的循环水池面积较大，布设 5 个采样点，循环水池北侧的水沟已干涸，因此未布设地表水采样点。在电石渣堆存区域，在电石渣清挖后形成的雨水积水水塘内布设 3 个采样点。

⑥底泥采样点布设

地块内的污水集中处理区域有集水池、中和池、沉降池、废酸水池和废碱水池等，根据水池大小，每个水池布设 1～2 个采样点，其中废酸水池和废碱水池底部沉积物较少，沉降池内地表水太深、沉积物较少，因此这 3 个水池内均未布设底泥采样点。热电分厂冷水塔区域的循环水池面积较大，布设 5 个采样点，北侧的水沟内布设 2 个采样点。电石渣堆存区域在电石渣清挖后形成的雨水积水水塘内布设 2 个采样点。

（2）布点结果

为证实污染识别结果，查明地块污染物种类、污染物埋深和污染可能触及的范围，按照《场地环境监测技术导则》(HJ 25.2—2014)的要求，采用系统随机布点法布设采样点，并按照地下水流向在疑似污染点位及其周边进行取样。在项目地块内共布设 112 个采样点位（图 2-2），共采集土壤样品 572 个，地下水样品 46 个，地表水样品 14 个，底泥样品 13 个。

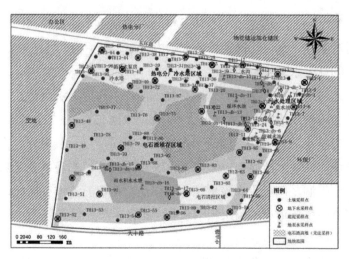

图 2-2 采样点位布设情况

2．采样方法

（1）土壤样品采集

①钻孔

勘察孔施工取土使用的是 30 型工程钻机，该钻机采用冲击钻探采样方式，克服了回转钻进法在钻探过程中的摩擦扰动和外加水循环造浆等缺点，最大限度地避免了有机污染物的分解和逸散，不带入外来污染，可保证采集到的土壤样品能客观反映地层中的污染状况。为保证施工质量和样品的真实性，本次土壤钻探施工严格按照相关规范和标准进行。在每个钻孔完成钻探后对岩芯进行拍照，以保留影像资料，便于核查土层性质。

②取样

土壤样品采集（图 2-3）的技术要求如下：

- 土壤取样时，采样人员须配戴一次性 PE 手套，每个土样取样前均须更换新的手套，以防止样品之间的交叉污染。

图 2-3 土壤样品采集

- 每个采样点位取表层 0.5 m 处的样品，土壤变层处各采集一个样品，最深处采至第一含水层底板（图 2-4）。

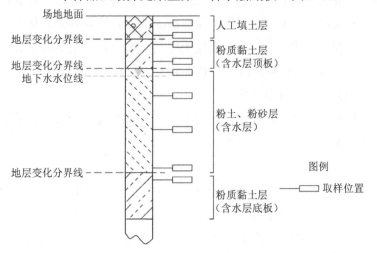

图 2-4 土壤样品采集示意图

- 对 VOCs 样品进行取样时须使用针筒取样管，取出的土样应立即装入专用的贴有紫色标签的 40 mL 棕色玻璃瓶（两瓶）内，瓶内另有 10 mL 甲醇（防止污染物挥发）。在贴有黄色标签的 150 mL 白色玻璃瓶（一瓶）中装入同一份土样并压实填满，用于除 VOCs 以外的污染物检测。所有样品瓶应在采样完成前立即打开，样品装入后再立即封好瓶盖并拧紧，以缩短样品暴露时间，减少甲醇挥发损失。
- 不同类型土壤样品的采集与装瓶均应在短时间内完成，以减少样品在空气中的暴露时间。样品在装瓶密封后首先被放入现场的低温保存箱中，然后分批次转移到现场冷藏冰箱中保存。送样前，将冰箱内的所有样品取出分别装入低温保存箱内，并放入适量蓝冰，填入泡沫等柔性填充物以防止运输过程中样品瓶破裂。

土壤勘察孔的采样深度为 5.0～16.5 m，在每个采样点位取表层 0.5 m 处的样品，土壤变层处各采集一个样品，最深处采至第一含水层底板。本次共采集土壤样品 572 个，选取其中具有代表性的土样进行实验室检测，送检土样共 358 个；共采集地下水样品 46 个、地表水样品 14 个、底泥样品 13 个，全部送检。

（2）地下水样品采集

按照《场地环境监测技术导则》的要求开展地下水样品采集工作，主要包括以下 3 个步骤。

①建井

建井过程包括钻探、下管、填砾、坑壁防护、井台构建等（图 2-5）。设置地下水监测井可与土壤钻探合并实施，具体工作步骤如下：

- 选择 SH-30 型冲击式钻机作为钻探设备开展现场作业，至少钻探至含水层底部以下 0.5 m，但不能钻穿隔水层；

图 2-5　建井过程

- 监测井井管自上而下一般包括井壁管（出露地面约 0.3 m）、筛管（与监测的含水层厚度相近）、沉淀管 3 个部分，不同部位之间采用螺纹式连接方式进行连接，选择井管专用聚氯乙烯（PVC）作为井管材料，筛管采用 0.5 m 的割缝筛管，井管直径为 75 mm，监测井底部应加底盖，以防止底层土壤进入井管影响洗井和采样过程；

- 钻探完成后，将井管直接放入钻探套管中，下管过程应缓慢稳定，以防下管过快破坏钻孔稳定性；

- 井管下降至底部时，在井管与套管之间填入砾料，砾料高度自井底向上直至与实管的交界处，即含水层顶板，砾料为质地坚硬、密度大、浑圆的白色石英砂（2～4 mm）；

- 在砾料层之上填入膨润土以形成良好的隔水层或防护层，

产生防护效果；

- 井管高出地面 0.3～0.5 m，高出地面部分的井管须编写监测井编号，以防止人为破坏。

②洗井

监测井安装完毕后，对于出水量较小的监测井，人工使用贝勒管淘洗的方式进行洗井，清除建井过程中引入的泥浆等杂质，直至出水较为清澈（图 2-6）。洗井过程一般包括两个阶段：一是建井后的洗井，目的在于消除井内因钻探和建井过程对地下水造成的影响；二是采样前的洗井，目的在于消除井内土壤颗粒物对样品水质的影响。具体的技术要求如下：

- 建井结束后应立即开展洗井工作，使用贝勒管进行洗井，并做到一井一管，防止交叉污染；
- 取样前的洗井应在建井后的洗井完成 24 小时后进行，取样前洗井 2 次，每次间隔 24 小时，每次洗井抽出的水量应达到井管内贮水量的 3～5 倍。

图 2-6　现场洗井

③样品采集

地下水样品采集应在洗井完成后的 2 小时内完成，并做到一井一管，防止交叉污染。具体的技术要求如下：

- 在洗井过程中，现场测试样品的溶解氧、pH、温度、氧化还原电位（ORP）、电导率等水质指标，当读数连续三次稳定时洗井结束，并开始采样；
- 使用贝勒管进行采样，选择含水层中部作为采样点，每个监测井采集 1 个地下水样品，有组合井的采样点分别采集上层地下水和下层地下水，并做好采样记录；
- 洗井结束后，先采集用于 VOCs 测试的样品，再采集用于其他污染指数分析的样品；
- 将采集到的地下水样品按照不同的监测目标和要求分别装满对应的样品瓶，并将采集到的所有地下水样品迅速转移至低温保存箱（4℃）中保存。

场地内共布设了 32 个地下水采样点（监测井），另有 10 个监测井为组合井，共采集地下水样品 46 个，包含 4 个平行样。

（3）地表水样品采集

该项目地块内共布设地表水采样点 14 个，采集地表水样品 14 个。

（4）底泥样品采集

该项目地块内共布设底泥采样点 13 个，采集底泥样品 13 个。

3. 现场采样质量控制

（1）样品采集

钻孔取土使用的是 30 型钻机。项目场区地面无硬化层，但建筑垃圾较多，故先用挖掘机清除干净。30 型钻机每次进土 50 cm，从钻头侧面开口处用不锈钢铲子去除土柱外围的土壤，获取土芯作为土壤样品（图 2-7）。

图 2-7　现场采样

收集土壤样品时，须把表层大的砾石、树枝剔除。采样过程中全程佩戴手套。使用现场采样记录表和现场监测记录表记录土壤特征、可疑物质或异常现象等，同时保留现场相关影像记录，其内容、页码和编号应编制齐全以便于核查，如有改动须注明修改人及时间。

（2）监测井质量控制

①建井

监测井施工程序见图 2-8。地下水环境监测井为单管单层监测井，滤水管段应为与井管中线相垂直的平行间隔横切缝或使用缠丝包埋过滤器；监测层位一般为浅层地下水，特殊情况下应当覆盖目标含水层；井管内径为 75 mm；井管材质为井管专用 PVC，围填滤料为不同粒径的分级石英砂；井口设立保护及警示装置。

②洗井

在洗井过程中，清洗地下水用量为 3～5 倍井容积，以去除细颗粒物质，避免堵塞监测井，并促进监测井与监测区域之间的水力连通。每次清洗过程中抽取的地下水均要进行 pH 和温度等参数的现场测试。洗井过程需持续到取出的水不浑浊、细微土壤颗粒不再进入水井为止；采样深度应在地下水水面 0.5 m 以下，以保证水样能代表地下水水质。充分洗井后，需要让监测井中的水体稳定 24 小时以后再进行地下水样品采样。使用一次性贝勒管采集水样。

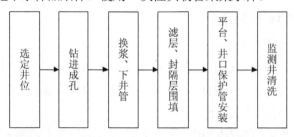

图 2-8　监测井施工程序

（3）样品保存与流转

样品保存：用直压式取样器采集土壤样品，并压入样品瓶中，样品填满不留空隙，使用顶空法封存，最后用低温保温箱封装以保证其处于避光环境（图 2-9）。地下水样品按照不同的测试项目选取不同的容器，并加入保护剂，样品按照要求应取满并密封，最后使用低温保温箱封装以保证其处于避光环境。

图 2-9　样品采集及保存

样品流转：所有样品经分类、整理和造册后包装，24 小时内发往检测单位。在样品运输装箱时，用波纹纸板垫底和间隔以防震。样品存放在 4℃的保温箱中直至进入分析实验室。

2.4.3 样品检测

1. 现场快速检测

（1）检测设备

该项目地块使用手持式 X 射线荧光光谱仪（XRF）和手持式光离子气体检测仪（PID）等快速检测设备对重金属和 VOCs 进行现场快速检测（图 2-10）。

图 2-10　现场快速检测

（2）检测结果

检测结果显示，项目场地调查范围内重金属铬、砷①的检测结果超出相应的筛选值；PID 读数范围为 0.05～220.6 mg/kg，PID 数值较高；由于 XRF 和 PID 等现场快速检测设备的准确性有限，为进一步研究场地土壤污染状况，需结合实验室分析结果确定场地污染状况。

2. 实验室检测

（1）检测项目

根据污染识别结果，将土壤、地下水和底泥的检测指标确定

---

① 砷是一种类金属，因其化学性质和环境行为与重金属有相似之处，通常归于重金属研究范畴。

为 pH、重金属（铜、铅、砷、镉、六价铬、镍、汞、钡）、氰化物、石油烃、VOCs（单环芳烃类、卤代芳烃类等）、SVOCs（如 PAHs 类、农药类等）。

地表水的检测指标为化学需氧量（COD）、生化需氧量（BOD）、氨氮、总磷、悬浮物、pH、重金属（铜、铅、砷、镉、六价铬、镍、汞、钡）、氰化物、石油烃、VOCs、SVOCs。

（2）实验室检测质量控制

本项目所有样品的测定均委托有认证资质的实验室进行。为了对实验室检测质量进行监控，设置了 33 组土壤平行样品及 4 组地下水平行样品，其检测结果与对应样品基本一致，故可以认为实验室的检测结果真实可信。

2.4.4　检测结果分析

1．土壤检测数据分析

本项目采样调查共布设土壤采样点 85 个，共送检土壤样品 358 个。

（1）无机物检测结果

本项目场地土壤 pH 呈碱性，可能与该区域的电石渣堆存有关；场地土壤中氰化物的检测结果均低于检出限；重金属调查指标共 8 种，包括六价铬、砷、铜、镍、钡、汞、铅和镉。检测结果显示，除六价铬外，土壤中的其他重金属均有不同程度的检出，其中钡和汞存在超出筛选值的现象，超标率分别为 8.66% 和 8.38%，最大超标倍数分别为 41 倍和 13.5 倍。

根据检测数据分析土壤中超标重金属的垂向分布和水平分布情况如下：

①垂向分布

超标的钡和汞样品采集自土壤 0.5～10.0 m，超标重金属纵向分布较深。地块内存在电石渣堆存区域，该区域揭露土壤表层深度不均一，导致重金属超标深度范围较深。

②水平分布

土壤重金属超标点位具体分布如图 2-11 所示。其中，汞和钡超标点位在污水集中处理区域、热电分厂冷水塔区域和电石渣堆存区域均有分布，可能是由于在盐泥和污泥堆存、清挖及转运过程中现场扰动较大，从而造成污染分布范围较广。重金属污染的深度受电石渣堆的影响较大，结合现场采样记录分析发现，污染主要集中在穿透电石渣堆揭露表层土壤的深度范围内。

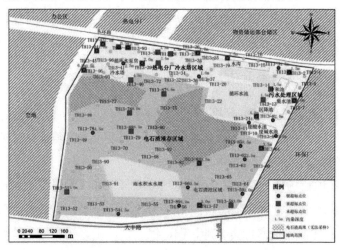

图 2-11 土壤重金属超标点位具体分布

（2）有机物检测结果

本项目地块土壤中有机物测试指标较多，包含《土壤环境质量 建设用地土壤污染风险管控标准（试行）》中的 45 项"基本项目"和"其他项目"中的 VOCs、SVOCs 和石油烃（$C_{10} \sim C_{40}$）。

结果显示，石油烃（$C_{10} \sim C_{40}$），VOCs 中的苯系物类、卤代烃类，SVOCs 中的多环芳烃类、有机农药类在本地块土壤中均有检出。其中，石油烃（$C_{10} \sim C_{40}$），SVOCs 中的 1,2,4,5-四氯苯、p,p'-滴滴依、p,p'-滴滴涕、p,p'-滴滴滴、α-六六六、β-六六六、δ-六六六、六氯苯和 VOCs 中的 1,2,3-三氯苯、1,2,4-三氯苯、1,4-二氯苯、氯仿、溴甲烷、苯的检测结果均超出了相应的筛选值。经比较，超标污染物中 β-六六六的超标率最高，为 11.45%，且超标倍数最大，其最大值超出筛选值 2 656 倍；其他污染物的超标率依次为 α-六六六（5.87%）、1,2,4-三氯苯（4.19%）、氯仿（1.96%）、苯（1.68%）、1,4-二氯苯（1.4%）、六氯苯（1.12%）、p,p'-滴滴依（1.12%）、1,2,3-三氯苯（0.84%）、1,2,4,5-四氯苯（0.84%）、δ-六六六（0.84%）、石油烃（0.56%）、p,p'-滴滴涕（0.56%）、p,p'-滴滴滴（0.28%）和溴甲烷（0.28%）。

图 2-12 为项目地块土壤中有机物超标点位分布，图中分别标明了各类污染物的污染深度，并给出了所有有机污染物超标点位总图。其中，β-六六六超标点位较多，基本能涵盖其他有机物超标点位。根据人员访谈可知，地块所在化工企业之前从事过六六六（1950—1983 年）和滴滴滴（1953—2007 年）等农药的生产，生产过程中排放的污水会进入本地块内的污水集中处理区域，产生的泥浆也可能会排放至本地块内，从而造成本地块范围内的有机农药污染。

2. 地下水检测数据分析

本项目采样调查共布设地下水采样点 42 个（其中有 10 个监测井为组合井），共采集地下水样品 46 个（包含 4 个平行样），并全部送检。

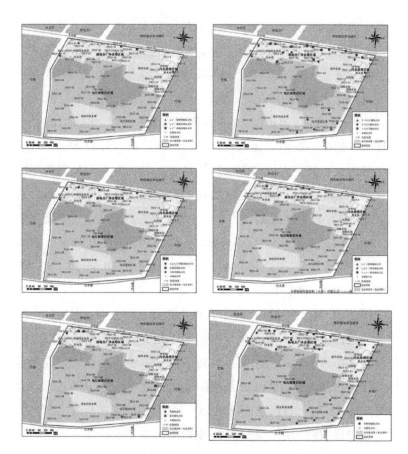

图 2-12　项目地块土壤中有机物超标点位分布

（1）无机物检测结果

本项目场区地下水的 pH 为 7.15～12.5，呈碱性，pH 检测结果超出了《地下水质量标准》中的Ⅳ类标准；地下水中氰化物的检测结果低于检出限，重金属六价铬和汞的检测结果低于检出限；铅、铜、镉和镍均有检出，但检测结果未超出《地下水质量标准》中的Ⅳ类标准；砷和钡的检测结果均超出了《地下水质量标准》中的Ⅳ类标准。

经比较，地下水超标污染指标中 pH 超标率最高，达 57.14%；重金属中钡超标率最高，达 33.33%，其最大值超出筛选值 199.5 倍；砷超标率为 4.76%。

地下水 pH 超标（pH＞9.0）的点位主要集中在电石渣堆存区域，可能与电石渣堆存过程中的电石渣渗滤液［主要成分是 $Ca(OH)_2$］下渗导致该区域地下水偏碱性有关；地下水中重金属钡超标的点位也主要集中在电石渣堆存区域，可能与该区域的盐泥（主要是钡泥）堆存有关，钡泥在堆存、转运过程中可能会残留在土壤中，随雨水冲刷下渗至地下水中，造成地下水重金属污染；地下水中砷超标的 2 个点位分别位于污水集中处理区域和热电分厂的冷水塔区域，可能是农药类在生产过程中排放的污泥残留在土壤中并下渗至地下水，从而造成地下水污染。

（2）有机物检测结果

石油烃、SVOCs（包含 PAHs 和农药类等）、VOCs（包含苯系物类和卤代烃类等）在本项目场区地下水中均有检出，其中 SVOCs 中的 1,2,4,5-四氯苯和 2,4-二氯酚检测结果均超出了 EPA 区域筛选值（RSL）2018 中的"Tap water"标准值；VOCs 中的 1,1-二氯乙烷、1,2,3-三氯苯、1,2,4-三氯苯和 1,2,4-三甲基苯检测结果均超出了 EPA 区域筛选值（RSL）2018 中的"Tap water"标准值，且 1,2,3-三氯苯和 1,2,4-三氯苯的含量之和也超出《地下水质量标准》中三氯苯总量的Ⅳ类标准值，VOCs 中的 1,4-二氯苯、氯苯和苯检测结果均超出了《地下水质量标准》中的Ⅳ类标准。

经比较，超标污染物中 1,2,4-三氯苯的超标率最高，为 26.19%，且超标倍数最大，其最大值超出筛选值 2 280 倍；其他污染物的超标率依次为苯（19.05%）、2,4-二氯酚（4.76%）、1,1-二氯乙烷

（4.76%）、氯苯（4.76%）、1,2,4,5-四氯苯（2.38%）、1,2,3-三氯苯（2.38%）、1,2,4-三甲基苯（2.38%）和1,4-二氯苯（2.38%）。

本项目场区地下水中有机物超标的点位较为分散，在污水集中处理区域、热电分厂冷水塔区域和电石渣堆存区域均有分布，可能与地块内的现场扰动及地下水流动有关。

3. 地表水检测数据分析

本项目采样调查共布设14个地表水采样点：在污水集中处理区域内的集水池和中和池分别布设了2个采样点，沉降池和废酸水池分别布设了1个采样点，废碱水池已干涸，未布设地表水采样点；热电分厂冷水塔区域的循环水池面积较大，布设了5个采样点，循环水池北侧水沟已干涸，未布设采样点；电石渣堆存区域在电石渣清挖后形成的雨水积水水塘内布设了3个采样点。

本次采样调查共采集地表水样品14个，并全部送检。检测结果显示，地表水中氰化物的检测结果低于检出限；地表水的pH为2.1～11.1，其中污水集中处理区域的集水池、中和池和废酸水池中的地表水呈酸性（pH≈2），沉降池中的地表水呈碱性（pH≈11）；除砷、铜和镍外，其他重金属在地表水中均有检出，其中钡、铜、镉和镍的检测结果均超出了《地表水环境质量标准》（GB 3838—2002）中的V类水质标准；地表水中五日生化需氧量（BOD_5）、COD和氨氮的检测结果均超出了《地表水环境质量标准》中的V类水质标准，其中污水集中处理区域的集水池和废酸水池超标现象较为严重；SVOCs中的3,4-甲酚、β-六六六和苯酚在地表水中均有检出；地表水中石油烃的检测结果超出了《地表水环境质量标准》中石油类的V类水质标准，超标现象主要集中在污水集中处理区域的集水池和废酸水池；VOCs中的1,1-二氯乙烷、1,2-二氯苯、1,4-二氯苯、三氯乙烯、丙酮、二硫化碳、氯乙烯、氯甲烷、氯苯和苯在地表水中均有检出,其中氯乙烯和苯的检测结果均超出了《地表水环境质量标准》中的Ⅴ类水质标准,超标现象主要集中在污水集中处理区域的废酸水池。地表水中污染物超标点位分布见图2-13。

图 2-13 地表水中污染物超标点位分布

4. 底泥检测数据分析

本项目采样调查共布设了 13 个底泥采样点:在污水集中处理区域内的集水池和中和池分别布设了 2 个采样点,废酸水池和废碱水池底部沉积物较少,沉降池内地表水太深且沉积物较少,故这 3 个水池均未布设底泥采样点;热电分厂冷水塔区域的循环水池面积较大,布设了 5 个采样点,北侧水沟内布设了 2 个采样点;电石渣堆存区域在电石渣清挖后形成的雨水积水水塘内布设了 2 个采样点。

本次采样调查共采集底泥样品 13 个,并全部送检。检测结果如下。

（1）无机物检测结果

地块内的水池或水塘底泥 pH 为 8.1～11.3，偏碱性；底泥中氰化物的检测结果低于检出限；除六价铬外，其他重金属在底泥中均有不同程度的检出，其中钡和汞的检测结果均超出了筛选值，且汞的超标率较高，达 92.31%，其最大值超出筛选值 11.94 倍。

（2）有机物检测结果

石油烃，SVOCs 中的 PAHs、有机农药类，VOCs 中的苯系物类、卤代烃类等在地块内的水池或水塘底泥中均有检出，其中石油烃，SVOCs 中的 p,p'-滴滴涕、β-六六六、六氯苯、苯并（a）芘和 VOCs 中的 1,4-二氯苯、苯的检测结果均超出了相应的筛选值。

检测结果显示，本地块内的所有底泥检测点位均存在超标现象，其中汞超标点位最多，有机物超标点位较少。

综上所述，地块内的水池或水塘的地表水和底泥均存在污染现象，污水集中处理区各个水池的污染可能是污水渗漏或污泥残留造成的；热电分厂冷水塔区域的循环水池存在污染，可能是周边污染物迁移扩散或污染物沉积造成的；电石渣清挖区域的雨水积水水塘的污染可能与盐泥、污泥、渗滤液下渗或泥浆残留有关。

2.4.5 采样分析结论

一是本项目地块土壤中氰化物的检测结果低于检出限，除六价铬外，其他重金属均有不同程度的检出，其中汞和钡的检测结果均超出了《土壤环境质量　建设用地土壤污染风险管控标准（试行）》中的第一类用地筛选值和 EPA 区域筛选值（RSL）2018 中的"Resident Soil"限值。石油烃（C_{10}～C_{40}）、VOCs（包含苯系物类、卤代烃类）、SVOCs（包含 PAHs 类、有机农药类）在土壤中均有检出，其中石油烃（C_{10}～C_{40}），SVOCs 中的 1,2,4,5-四氯苯、p,p'-滴滴依、p,p'-滴滴涕、p,p'-滴滴滴、α-六六六、β-六六六、δ-六六六、六氯苯和 VOCs 中的 1,2,3-三氯苯、1,2,4-三氯苯、1,4-二氯苯、氯仿及苯的检测结果均超出了相应的筛选值。

二是本项目地块地下水的 pH 为 7.15～12.5，呈碱性，pH 检测结果超出了《地下水质量标准》中的Ⅳ类标准；地下水中氰化物的检测结果低于检出限；重金属六价铬和汞的检测结果均低于检出限；铅、铜、镉和镍在地下水中均有检出，但检测结果未超出《地下水质量标准》中的Ⅳ类标准；砷和钡的检测结果均超出了《地下水质量标准》中的Ⅳ类标准。石油烃、SVOCs（包含 PAHs 类、农药类等）和 VOCs（包含苯系物类、卤代烃类等）在地下水中均有检出，其中 SVOCs 中的 1,2,4,5-四氯苯和 2,4-二氯酚的检测结果均超出了 EPA 区域筛选值（RSL）2018 中"Tap water"标准值；VOCs 中的 1,1-二氯乙烷、1,2,3-三氯苯、1,2,4-三氯苯和 1,2,4-三甲基苯的检测结果均超出了 EPA 区域筛选值（RSL）2018 中"Tap water"标准值，并且 1,2,3-三氯苯和 1,2,4-三氯苯的含量之和也超出《地下水质量标准》中三氯苯总量的Ⅳ类标准值，VOCs 中的 1,4-二氯苯、氯苯和苯的检测结果均超出了《地下水质量标准》中的Ⅳ类标准。

三是地表水中氰化物的检测结果低于检出限，地表水的 pH 为 2.1～11.1，其中污水集中处理区域的集水池、中和池和废酸水池中的地表水呈酸性（pH≈2），沉降池中的地表水呈碱性（pH≈11）。地表水中 BOD_5、COD 和氨氮的检测结果均超出了《地表水环境质量标准》中的Ⅴ类水质标准，其中污水集中处理区域的集水池和废酸水池超标现象较为严重。地表水中除砷、铜和镍外，其他重金属均有检出，其中钡、铜、镉和镍的检测结果均超出了《地表水环境质量标准》中的Ⅴ类水质标准。地表水中石油烃的检测结果超出了《地表水环境质量标准》中石油类的Ⅴ类水质标准，超标现象主要集中在污水集中处理区域的集水池和废酸水池；SVOCs 中的 3,4-甲酚、β-六六六和苯酚均有检出；VOCs 中的 1,1-二氯乙烷、1,2-二氯苯、1,4-二氯苯、三氯乙烯、丙酮、二硫化碳、氯乙烯、氯甲烷、氯苯和苯均有检出，其中氯乙烯和苯的检测结果均超出了《地表水环境质量标准》中的 V 类水质标准，超标现象主要集中在污水集中处理区域的废酸水池。

四是地块内的水池或水塘底泥中氰化物的检测结果低于检出限，底泥 pH 为 8.1～11.3，水塘底泥偏碱性；除六价铬外，其他重金属在底泥中均有不同程度检出，其中汞和钡的检测结果均超出了《土壤环境质量 建设用地土壤污染风险管控标准（试行）》中的第一类用地筛选值和 EPA 区域筛选值（RSL）2018 中的"Resident Soil"限值。石油烃、SVOCs（包含 PAHs 类、有机农药类）、VOCs（包含苯系物类、卤代烃类等）在底泥中均有检出，其中石油烃，SVOCs 中的 p,p'-滴滴涕、β-六六六、六氯苯、苯并（a）芘和 VOCs 中的 1,4-二氯苯、苯的检测结果均超出了相应的筛选值。

2.5 风险分级

2.5.1 风险分级指标

关闭搬迁企业地块的风险分级指标有三个级别：一级指标包括土壤和地下水 2 项；二级指标包括污染特性、污染物迁移途径和受体 3 项；土壤和地下水的三级指标分别为 14 项和 13 项。

风险分级阶段土壤和地下水的指标及等级划分情况分别见表 2-4 和表 2-5，三级指标释义及指标等级得分计算方法见《关闭搬迁企业地块风险筛查与风险分级技术规定（试行）》的附录部分。后续将在分析全国重点行业关闭搬迁企业地块相关信息的统计特征基础上对指标等级及分值进行优化调整。

表 2-4　风险分级阶段土壤指标及等级划分

指标		指标赋值		企业得分
二级指标	三级指标	指标等级	指标分值	
土壤污染特性	1.土壤污染物超标总倍数（E_s）*	①$E_s \geqslant 100$	20.0	20
		②$50 \leqslant E_s < 100$	14.0	
		③$10 \leqslant E_s < 50$	8.0	
		④$1 \leqslant E_s < 10$	2.0	
	2.重点区域面积（A）	①$A \geqslant 10 \ hm^2$	6.0	6.0
		②$2 \leqslant A < 10 \ hm^2$	3.6	
		③$A < 2 \ hm^2$	1.2	
	3.土壤污染物对人体健康的危害效应（T_s）*	①高毒性：$T_s \geqslant 10\,000$	18.0	18.0
		②较高毒性：$1\,000 \leqslant T_s < 10\,000$	14.4	
		③中等毒性：$100 \leqslant T_s < 1\,000$	10.8	
		④较低毒性：$10 \leqslant T_s < 100$	7.2	
		⑤低毒性：$T_s < 10$	3.6	
	4.土壤污染物中是否含持久性有机污染物	①是	3.0	3.0
		②否	0	
土壤污染物迁移途径	5.重点区域地表覆盖情况	①存在未硬化地面	3.0	1.8
		②硬化地面有裂缝、破损	1.8	
		③硬化地面完好	0.6	
	6.地下防渗措施	①无防渗措施	3.0	1.8
		②有一定的防渗措施	1.8	
		③有全面完好的防渗措施	0.6	
		④无地下工程	0	
	7.包气带土壤渗透性	①砂土及碎石土	3.0	0.6
		②粉土	1.8	
		③黏性土	0.6	
	8.土壤污染物挥发性（亨利常数 H）	①$H \geqslant 0.1$	4.0	4.0
		②$0.001 \leqslant H < 0.1$	2.4	
		③$H < 0.001$	0.8	

指标		指标赋值		企业得分
二级指标	三级指标	指标等级	指标分值	
土壤污染物迁移途径	9.土壤污染物迁移性（M_s）*	①高：$M_s \geq 0.01$	7.0	7.0
		②中：$2 \times 10^{-5} \leq M_s < 0.01$	4.2	
		③低：$M_s < 2 \times 10^{-5}$	1.4	
	10.年降水量（P）	①$P \geq 1\,000$ mm	3.0	1.8
		②400 mm$\leq P < 1\,000$ mm	1.8	
		③$P < 400$ mm	0.6	
土壤污染受体	11.地块土地利用方式	①农业、住宅用地	7.5	7.5
		②商业、公共场所用地	4.5	
		③工业等非敏感用地	1.5	
	12.地块及周边 500 m 内人口数量（R）	①$R \geq 5\,000$	6.0	0.6
		②$1\,000 \leq R < 5\,000$	4.2	
		③$100 \leq R < 1\,000$	2.4	
		④$R < 100$	0.6	
	13.人群进入和接触地块的可能性	①地块无隔离或管制措施，人群进入可能性高	4.5	0.9
		②地块有隔离或管制措施，或位于偏远地区，人群进入可能性较低	0.9	
	14.重点区域离最近敏感目标的距离（D_s）	①$D_s < 100$ m	12.0	4.8
		②100 m$\leq D_s < 300$ m	8.4	
		③300 m$\leq D_s < 1\,000$ m	4.8	
		④$D_s \geq 1\,000$ m	1.2	

注：三级指标中带*的指标在指标等级中的数值为该指标的等级得分。

表 2-5　风险分级阶段地下水指标及等级划分

指标		指标赋值		企业得分
二级指标	三级指标	指标等级	指标分值	
地下水污染特性	1.地下水污染物超标总倍数（E_{gw}）*	①$E_{gw} \geqslant 100$	25.0	25.0
		②$50 \leqslant E_{gw} < 100$	17.5	
		③$10 \leqslant E_{gw} < 50$	10.0	
		④$1 \leqslant E_{gw} < 10$	2.5	
	2.地下水污染物对人体健康的危害效应（T_{gw}）*	①高毒性：$T_{gw} \geqslant 10\,000$	19.0	19.0
		②较高毒性：$1\,000 \leqslant T_{gw} < 10\,000$	15.2	
		③中等毒性：$100 \leqslant T_{gw} < 1\,000$	11.4	
		④较低毒性：$10 \leqslant T_{gw} < 100$	7.6	
		⑤低毒性：$T_{gw} < 10$	3.8	
	3.土壤污染物中是否含持久性有机污染物	①是	3.0	0
		②否	0	
地下水污染物迁移途径	4.地下防渗措施	①无防渗措施	3.0	1.8
		②有一定的防渗措施	1.8	
		③有全面完好的防渗措施	0.6	
		④无地下工程	0	
	5.地下水埋深（GD）	①$GD < 3$ m	2.0	2.0
		②$3$ m $\leqslant GD < 10$ m	1.2	
		③$GD \geqslant 10$ m	0.4	
	6.包气带土壤渗透性	①砂土及碎石土	2.0	0.4
		②粉土	1.2	
		③黏性土	0.4	
	7.饱和带土壤渗透性	①砾石及以上土质	3.0	0.6
		②粗砂、中砂及细砂	1.8	
		③粉砂及以下土质	0.6	
	8.地下水污染物挥发性（亨利常数 H）	①$H \geqslant 0.1$	4.0	4.0
		②$0.001 \leqslant H < 0.1$	2.4	
		③$H < 0.001$	0.8	

指标		指标赋值		企业得分
二级指标	三级指标	指标等级	指标分值	
地下水污染物迁移途径	9.地下水污染物迁移性（M_{gw}）*	①高：$M_{gw} \geq 0.01$	6.0	6.0
		②中：$2 \times 10^{-5} \leq M_{gw} < 0.01$	3.6	
		③低：$M_{gw} < 2 \times 10^{-5}$	1.2	
	10.年降水量（P）	①$P \geq 1\ 000$ mm	3.0	1.8
		②$400$ mm$\leq P < 1\ 000$ mm	1.8	
		③$P < 400$ mm	0.6	
地下水污染受体	11. 地下水及邻近区域地表水用途	①水源保护区、食品加工、饮用水	12.0	2.4
		②农业灌溉用水	7.2	
		③工业用途或不利用	2.4	
		④未知	7.2	
	12. 地块及周边500 m 内人口数量（R）	①$R \geq 5\ 000$	6.0	0.6
		②$1\ 000 \leq R < 5\ 000$	4.2	
		③$100 \leq R < 1\ 000$	2.4	
		④$R < 100$	0.6	
	13.重点区域离最近饮用水井、集中式饮用水水源地的距离（D_{gw}）	①$D_{gw} < 100$ m	12.0	1.2
		②$100$ m$\leq D_{gw} < 300$ m	8.4	
		③$300$ m$\leq D_{gw} < 1\ 000$ m	4.8	
		④$D_{gw} \geq 1\ 000$ m	1.2	

注：三级指标中带*的指标在指标等级中的数值为该指标的等级得分。

2.5.2 风险分级总分计算

根据收集到的关闭搬迁企业的地块基础信息资料和地块初步采样调查结果,分别对表 2-4 和表 2-5 中土壤和地下水的各项三级评估指标进行赋值,其中带*的指标须先根据《关闭搬迁企业地块风险筛查与风险分级技术规定（试行）》附录 2 中的计算方法计算等级得分,再根据等级得分进行赋值。相应三级指标的分值之和为二级指标（污染特性、污染物迁移途径和受体）的得分，相应二级指标的分值之和为一级指标（土壤和地下水）的得分，地块风险分级的总分可通过式（2-1）由土壤和地下水的一级指标得分计算得到。

$$S = \sqrt{\frac{S_s^2 + S_{gw}^2}{2}} \qquad (2\text{-}1)$$

式中：S——地块风险分级总分；

　　　S_s——地块土壤得分；

　　　S_{gw}——地块地下水得分。

2.5.3　风险等级划分

将地块风险分级的总分与表 2-6 中的关闭搬迁企业地块风险分级标准进行比较，即可得到关闭搬迁企业地块的风险等级。生态环境部门可根据本区域关闭搬迁企业地块的风险分级得分情况，综合考虑关闭搬迁企业地块的环境管理需求，调整风险等级分级标准。

表 2-6　关闭搬迁企业地块风险分级标准

地块风险分级总分	地块风险级别
$S \geqslant 70$	高风险地块
$40 \leqslant S < 70$	中风险地块
$S < 40$	低风险地块

2.5.4　风险分级结论

本项目地块的一级指标得分和风险等级划分见表 2-7。

表 2-7　一级指标得分和风险等级划分

土壤得分	72.2
地下水得分	67.8
风险分级总分	71.6
地块风险等级	高风险地块

综上所述，本项目地块的风险分级总分为 71.6，属于高风险地块。

2.6　结论及建议

2.6.1　结论

经污染识别，初步判定该化工企业所在地块可能存在环境污染，污染来源可能为电石渣堆存区域的电石渣渗滤液下渗、盐泥残留，污水处理过程中的废水渗漏、污泥残留，热电锅炉烟尘沉降、粉煤灰残留及周边企业污染扩散等。确定场地关注污染物包括重金属、石油烃、VOCs（苯系物类、卤代烃类）和 SVOCs（PAHs类）等。

经初步采样调查，共布设 112 个采样点位，其中土壤采样点85 个（有 32 个采样点设置成井，用于开展地下水检测工作，其中有 10 个为组合井）、地表水采样点 14 个、底泥采样点 13 个，共采集土壤样品 572 个、地下水样品 46 个、地表水样品 14 个、底泥样品 13 个。

本项目地块为污染地块，需将土壤中的重金属汞和钡，石油烃（$C_{10} \sim C_{40}$），SVOCs 中的 1,2,4,5-四氯苯、*p,p'*-滴滴依、*p,p'*-

滴滴涕、p,p'-滴滴滴、α-六六六、β-六六六、δ-六六六、六氯苯及 VOCs 中的 1,2,3-三氯苯、1,2,4-三氯苯、1,4-二氯苯、氯仿、溴甲烷、苯作为土壤关注污染物，将地下水中的重金属砷和钡，SVOCs 中的 1,2,4,5-四氯苯、2,4-二氯酚及 VOCs 中的 1,1-二氯乙烷、1,2,3-三氯苯、1,2,4-三氯苯、1,2,4-三甲基苯、1,4-二氯苯、氯苯、苯作为地下水关注污染物，开展详细调查工作。

2.6.2　建议

一是建议尽快清理该场地堆存的电石渣等一般固体废物，以便后期开展详细调查。

二是建议加强场地管理，避免在未建设期间受到来自场外的拆迁土和垃圾的污染；场地在未建设期间不宜扰动过大，建议在建设前保持场地现状。

第3章 案例2：某化工厂搬迁项目地块土壤环境调查

3.1 场地项目概况

本项目地块曾于2019年5月开展了土壤环境初步调查工作，调查结果显示场地的土壤及地下水存在污染。2020年10月，遵照场地相关法律法规和技术导则要求，对该化工厂地块开展详细调查与风险评估工作。本项目将以初步调查情况为基础，全面开展详细调查，以期得到更为精准的修复范围，全面指导修复工作的开展。

3.2 污染识别

3.2.1 地块及周边情况

1. 地块现状及历史

项目场地为原化工厂所在地，面积约为15.25 hm²。经过实地考察可知，项目场地无建筑，现处于空置状态，有大量植被覆盖，部分区域地表有硬化，场内分布有若干水塘和未拆除的水池，场地北侧临近化工街附近的土壤有黄色污染痕迹，其余区域未发现明显污染痕迹，场内无刺激性气味。

项目地块的历史影像图最早可追溯至 1967 年。由 1967—2019 年的历史影像可知，地块内的历史变迁情况如下：

- 该区域历史影像最早可追溯到 1967 年，相关影像图显示场地及其周边基本处于荒地状态。

- 项目地块 1967—2006 年的影像图缺失。2006 年的影像图显示，场地西北角及北侧有生产设施遗留，东北角为空地，裸露的地表土壤未显示异常颜色，中部有两个区域显示有类似水池的构筑物，南侧有两个区域显示为类似水塘的区域，场地红线外的西侧和东北侧显示堆有白色固体。

- 与项目地块 2006 年的影像图相比，2009 年的影像图显示，厂区内东侧有明显的生产活动，并且在东侧区域新增了场地道路及一扇进厂大门。可初步推测，2006—2009 年该项目地块的生产活动可能发生了变更。此外，场地西南角显示，这一局部区域较 2006 年的人类活动明显增强。厂区内其余区域的状况并未发生明显变化，中部偏北以及南侧区域分别有类似地下水池和池塘的建（构）筑物。厂区红线范围外的西侧和东北角区域并未见到类似 2006 年的白色固体物质。

- 与项目地块 2009 年的影像图相比，2011 年的影像图显示，厂区内的整体状况并未发生明显变化，中部偏北以及南侧区域分别有类似地下水池和池塘的建（构）筑物。厂区红线范围外的西侧再次出现白色堆存物，东北侧区域已有新建厂房。

- 与项目地块 2011 年的影像图相比，2012 年的影像图显示，厂区内的整体状况并未发生明显变化，但是场地东北角区域的表层土壤颜色异常，中部偏北以及南侧区域分别有类似地下水池和池塘的建（构）筑物。厂区红线范围外的西侧白色堆存物依然存在，东北侧区域的厂房也依然存在。

- 与项目地块 2012 年的影像图相比，2014 年的影像图显示，厂区内的整体状况并未发生明显变化，但是场地东北角区域的表层土壤颜色依然显示异常，中部偏北以及南侧区域分别有类似地下水池和池塘的建（构）筑物。场外邻近区域的情况未发生变化。

- 与项目地块 2014 年的影像图相比，2015 年的影像图显示，厂区内的整体状况并未发生明显变化，但是场地北侧区域的表层土壤颜色依然显示异常，中部偏北以及南侧区域分别有类似地下水池和池塘的建（构）筑物。场地西南角的生产活动似乎有所减弱，场外邻近区域的情况未发生变化。

- 与项目地块 2015 年的影像图相比，2016 年的影像图显示，厂区内的整体状况并未发生明显变化，但是场地北侧区域的表层土壤颜色依然显示异常，中部偏北以及南侧区域分别有类似地下水池和池塘的建（构）筑物。场地西南角已基本无生产活动，厂区红线范围外的西侧白色堆存物依然存在，东北侧区域的厂房也依然存在。

- 与项目地块 2016 年的影像图相比，2017—2019 年的影像图显示，厂区内的整体状况并未发生明显变化，但是场地北侧区域的表层土壤颜色依然显示异常，中部偏北以及南侧区域分别有类似地下水池和池塘的建（构）筑物。场地西南角已基本无生产活动，场地内已基本无建筑物。厂区红线范围外的西侧白色堆存物依然存在，东北侧区域的厂房也依然存在。

2．地块周边敏感目标

根据谷歌地球历史影像图及现场踏勘可知，本项目场地所在区域为工业区，地块周边 1 km 范围内无居民区、学校和医院等敏感目标。项目场地周边以化工企业和制造类企业为主。

3．地块周边使用情况

本项目场地周边企业建成时间均较长，由 2006 年的周边影像图可知，有 9 家企业均已建成并投入生产。周边企业生产情况基本未发生大的改变，在进行污染识别时主要以目前的利用情况为参考。场地周边企业以无机化工企业和有机加工企业为主，历史上的生产情况与当前周边的利用情况基本一致，涉及的污染物主要包括酸碱、重金属、石油烃、PAHs 等。地块周边污染源分布情况见表 3-1。

表 3-1　地块周边污染源分布情况

序号	企业名称	相对距离/m	经营范围	潜在污染途径	关注污染指标	影响程度
1	A 企业	紧邻	氧化球团制造，铸钢件制造、加工，机械零配件加工	加热环节不完全燃烧、破碎与筛分产生的金属粉尘	重金属、石油烃、PAHs	影响较大，距离项目场地近，场地表层土壤易受 PAHs 影响
2	B 企业	50	主要产品为一次性使用无菌采血针	冲床加工粉尘、废消杀剂排放	重金属、卤代烃	影响较小，涉及的污染物（重金属等）迁移能力较弱；企业建成时间短，且环保设施较完善
3	C 企业	300	烧碱生产	原辅料泄漏、废水排放	pH	影响较小，与项目地块生产工艺类似，距离项目场地相对较远

序号	企业名称	相对距离/m	经营范围	潜在污染途径	关注污染指标	影响程度
4	D 企业	50	各类氯碱产品生产	生产排放、电石渣堆淋滤	汞、pH、苯系物、卤代烃、石油烃	影响较大，该企业电石渣堆紧邻项目场地，可能造成相邻区域碱性异常
5	E 企业	650	炭黑、色母生产	粉尘沉降、废水处理站废水渗漏、原料油泄漏	铬、石油烃、苯系物、PAHs	影响较小，距离较远，仅 PAHs 可能通过空气流动沉降到项目地表
6	F 企业	320	铝制、编藤类家具及相配套坐垫	喷涂工艺产生的废气	重金属、有机溶剂	影响较小，该厂生产规模较小，有机物使用量有限
7	G 企业	375	加油、储油	油品泄漏	石油烃	影响较小，加油站已检查备案，未发现泄漏痕迹
8	H 企业	紧邻	塑料制品、纸制品、金属制品包装加工	冷却废水泄漏、吹塑废气排放	重金属、石油烃、PAHs	影响较小，仅 PAHs 可能通过空气流动沉降到项目地表
9	I 企业	300	食品级烧碱，医药用烧碱，颗粒状烧碱，工业级 96%、99%片状烧碱生产	原料成品泄漏、碱渣排放、染料不完全燃烧	pH、PAHs	影响较小，废弃物产生量较小，以无机化工为主，生产工艺与项目场地类似，且距离项目地块相对较远
10	J 企业	250	生产颗粒烧碱、片碱、片状氢氧化钾	原料成品泄漏、碱渣排放、染料不完全燃烧	pH、PAHs	影响较小，废弃物产生量较小，以无机化工为主，生产工艺与项目场地类似
11	K 企业	120	热轧卷板、花纹卷板、中板及各种板材类加工	机加工粉尘、机油滴落、染料不完全燃烧	重金属、石油烃、PAHs	影响较小，仅 PAHs 可能通过空气流动沉降到项目地表

3.2.2 原址企业生产工艺及排放源识别

1997 年以前，本项目场地的原址企业生产的产品包括黄磷、工业磷酸、食品级磷酸、三氯化磷、三氯氧磷、磷酸氢二钠、磷酸三钠、焦磷酸钠、酸式焦磷酸钠、磷酸二氢钾、磷酸氢二钾、焦磷酸钾等。从 1997 年起，企业的主要产品相继停产，到 2015 年已基本停止生产。

1. 黄磷生产工艺及流程

生产黄磷的原材料为磷矿石、焦炭（白煤）和硅石。焦炭（白煤）在电炉法生产黄磷中既是还原剂又是导电体；硅石是助溶剂，可以降低炉渣熔点，便于出渣。三种原材料的入炉指标主要是通过破碎、筛分和烘干等达到，合格后分别进入不同储仓备用。

电炉法制磷的主要化学反应为：

$$4Ca_5F(PO_4)_3 + 21SiO_2 = 30C_3P_4\uparrow + 30CO\uparrow + SiF_4\uparrow + 20CaSiO_3$$

将符合生产工艺要求的磷矿石、硅石和焦炭（白煤），分别由储仓按一定比例分批放出，然后配成均匀的混合料输送至电炉料仓。混合料通过均匀分布的连接电炉体与料仓的下料管连续送入密闭微正压电炉内。电炉的三相电极（三根或六根）在其额定功率左右工作，使进入电炉的混合料在 1 400～1 500℃下发生还原反应。生成的炉渣和磷铁定期从炉眼排出，磷铁在渣道处回收，炉渣进入化渣池（或水淬冲渣池），并及时抓起运走。生成的黄磷、一氧化碳（CO）、四氟化硅等呈气体（称为炉气）从反应熔区逸出，经过炉内上部连续补充的混合料（称为炉气过滤层）并携带一部分混合料中的机械杂质（这时炉气温度一般降至 260℃ 以下），通过导气管进入串联的三个吸收塔，经浊度较低、温度和压力适宜的循环污水喷淋冷却，黄磷凝聚成液滴与机械杂质一起进入塔底受磷槽中，即为粗磷。粗磷在精制锅中，用蒸汽加热、搅拌、澄清后，在锅底沉积为纯磷，之后进入冷凝池，冷却成型后即得产品黄磷，最后再对成品磷进行计量包装。CO 等气体（尾气），经总水封分成两路，一路是经过进一步净化后作为燃料，另一路是在不用时放空。

2. 热法磷酸生产工艺及流程

根据前期收集的资料和人员访谈的结果，历史上该项目场地内采用的是热法生产磷酸的工艺。

酸冷流程将黄磷在熔磷槽内熔化为液体，经磷喷嘴送入燃烧水合塔，同时用压缩空气（一次空气）将磷雾化，使磷氧化燃烧生成五氧化二磷。为了使磷氧化完全，在塔顶还需补充二次空气。在塔顶沿塔壁淋洒 30～40℃的循环磷酸，使燃烧气体冷却，同时五氧化二磷与水化合生成磷酸。排出的气体在 85～110℃条件下进入电除雾器以回收磷酸。从水合塔和电除雾器来的热法磷酸先进入浸没或冷却器，再在喷淋冷却器冷却至 30～40℃。一部分磷酸送燃烧水合塔作为喷洒酸，一部分作成品酸送储酸库，此过程的主要化学反应为：

$$P_4 + 5O_2 \longrightarrow 2P_2O_5$$

$$P_2O_5 + 3H_2O \longrightarrow 2H_3PO_4$$

水冷流程将黄磷熔化后，用泵把液态磷送入燃烧室，同时用压缩空气使磷雾化，并补充二次空气，使磷在燃烧室内进行氧化。产生的气体温度为 800℃左右，在室外用水冷却，使壁温保持在 80～125℃。从燃烧室出来的气体进入石墨制的气体冷却器冷却至 80℃后，进入水合塔，在塔中分三层喷水冷却，并水合成磷酸成品。尾气冷却至 100℃以下后，经电除雾器排入大气。喷射除雾流程将液态黄磷经磷喷嘴送入燃烧水合塔，同时用压缩空气使磷雾化，燃烧生成的五氧化二磷立即与水形成磷酸酸雾。酸雾经热交换器冷却后被喷射除雾器吸入，酸雾在喷射器喉部碰撞，凝集成大颗粒后在旋风分离器内被回收，配制成 85% H_3PO_4，制得磷酸成品。

以热法还原所生产的工业磷酸为原料，将其加热至 80℃ 左右，然后通入硫化氢气体达到饱和，密闭静置，使硫化砷和硫化铅沉淀完全，然后过滤。加热滤液不超过 150℃。最后经蒸发除去硫化氢和氯化氢。

3. 磷酸钾盐生产工艺及流程

磷酸钾盐的生产工艺流程如下：将氢氧化钾（KOH）溶解配制成 30%～50% 的溶液，再经澄清过滤得到碱液。在带有搅拌棒和蒸汽夹套的搪瓷反应釜中进行中和反应。先按照计量加入磷酸，再在搅拌的同时慢慢加入碱液进行中和，须控制反应温度和中和液的 pH。将中和液浓缩后冷却结晶、离心分离，再将结晶用适量水洗涤后干燥，即得到产品。将母液返回进一步浓缩再结晶。

4. 磷酸二氢钾生产工艺及流程

磷酸二氢钾的生产工艺流程如下：将磷酸二氢钾的母液冷却至 50℃ 以下后加入适量氯化钾，用磷酸调 pH 至 3～4，会析出部分磷酸二氢钾。将析出部分与母液分离，并按磷酸一铵的比例加入磷酸和氨。将上一步骤得到的溶液冷却至 20℃，并用氨调整 pH 至 7，此时氯化铵会从溶液中析出。再次分离母液，以循环使用。

综合分析原址企业的生产情况，将生产中使用的原辅料、得到的产品、产生的废弃物及涉及的污染物类型汇总在表 3-2。

表 3-2　原址企业生产工艺原辅料及产品

生产工序	类型	名称	污染指标类型
黄磷生产	原料	磷矿石	重金属
		焦炭	PAHs
		硅石	重金属
	废气	加热废气	PAHs
	产品	黄磷	—
热法磷酸生产	原料	黄磷	—
	辅料	石墨	—
	废气	硫化氢、氯化氢	pH
		加热废气	PAHs
	废渣	硫化砷、硫化铅	砷、铅
	产品	磷酸	pH
磷酸氢二钠生产	原料	磷酸	pH
	辅料	氢氧化钠	pH
	废水	中和废液	pH
	产品	磷酸氢二钠	—
磷酸钾盐生产	原料	氢氧化钾	pH
		磷酸	pH
	废水	洗涤废水	pH
	产品	磷酸钾盐	—
磷酸氢二钾生产	原料	母液	pH
	辅料	氯化钾	—
		磷酸	pH
		氨	pH
	产品	磷酸氢二钾	—

由生产工艺分析结果可知，在进行污染分析时，原址企业的重点关注污染指标有砷、铅等重金属，PAHs及pH。

3.2.3 场地污染概念模型的初步构建

1. 污染产生过程分析

通过分析场地的历史使用情况和周边利用情况可知，项目场地的潜在污染源主要包括原址企业的生产排放，污水管线的跑、冒、滴、漏及周边企业的生产排放（表3-3）。

表3-3 场地污染概念模型

潜在污染源	分类	潜在污染区域	污染介质	潜在污染指标类型	迁移途径	暴露途径	介质	受体
原址企业的生产排放	场地内	北部生产区	表层土壤	pH（酸碱）、重金属、PAHs、石油烃、卤代烃	污染土壤直接接触	经口摄入、皮肤接触、吸入颗粒物	土壤	成人
			下层土壤、地下水		雨水淋溶、地表水入渗、地下水扩散	呼吸吸入蒸汽	空气	
污水管线跑、冒、滴、漏	场地内	污水管线沿线区域	表层土壤	pH（酸碱）、重金属、石油烃、卤代烃	污染土壤直接接触	经口摄入、皮肤接触、吸入颗粒物	土壤	成人
			下层土壤、地下水		地下水扩散	呼吸吸入蒸汽	空气	
			下层土壤、地下水		雨水淋溶、地表水入渗、地下水扩散	呼吸吸入蒸汽	空气	

潜在污染源	分类	潜在污染区域	污染介质	潜在污染指标类型	迁移途径	暴露途径	介质	受体
周边企业生产排放	场地外	场地边界	表层土壤	pH、PAHs	污染土壤直接接触	经口摄入、皮肤接触、吸入颗粒物	土壤	成人
			下层土壤、地下水		雨水淋溶、地表水入渗、地下水扩散	呼吸吸入蒸汽	空气	

注：重金属包含矿石中可能包含的六价铬、砷、镉、铜、镍、铅、汞；PAHs 包含苯并（a）蒽、䓛、苯并（b）荧蒽、苯并（k）荧蒽、苯并（a）芘、茚并（1,2,3-cd）芘、二苯并（a,h）蒽；卤代烃包含清洗剂中可能存在的四氯化碳、氯仿、1,1-二氯乙烷、1,2-二氯乙烷、1,2,3-三氯丙烷等。

（1）原址企业生产排放引入的污染

本项目地块历史上从事过磷酸及磷酸盐生产，使用的原料中包含焦炭和硅石，且用量较大，其在储存及破碎过程中可能为项目地块引入重金属及 PAHs 类污染；机械维修过程中涉及的润滑油和清洗剂的跑、冒、滴、漏，可能造成土壤和地下水存在石油烃污染和挥发性有机溶剂污染；生产过程中涉及的原料、产品和废弃物中均存在酸性、碱性物质，这可能会造成土壤与地下水 pH 异常。

（2）污水管线的跑、冒、滴、漏

项目场地内有一条地下污水管线，在厂房设备拆除时已被清理。生产区的污水可能通过污水管线到达非生产空置区域。在污水管线拆除过程中，管道的接头处及设备连接处均可能发生泄漏，使管中残留的污水污染项目场地的土壤。因此，污水管线周边也是需要重点关注的潜在污染区域。

（3）周边企业引入的污染

场地周边有大量工业企业存在，主要为无机化工企业和有机加工企业。周边企业均处于生产状态，产生的污染物可能对项目场地造成污染。污染影响较大的企业为紧邻的矿业公司和化工公司等，周边企业可能引入的污染指标主要有 PAHs 及 pH。

综合考虑场内、场外污染源的位置及影响大小，确定场地关注污染指标包括原料产品涉及的 pH，焦炭、硅石引入的重金属及 PAHs，设备润滑和清洗涉及的石油烃和 VOCs。

2. 污染物迁移扩散分析

横向上的污染物迁移主要来自两方面：厂房拆除过程中的土壤扰动与随地表水流动发生的迁移。项目场地原址企业的厂房已全部拆除，表层土壤有明显的扰动痕迹，拆除整理过程可能会使污染物分布情况发生改变；由于地势低洼，项目场地在丰水季节会蓄积雨水形成多个水坑，表层土壤中的污染物可能会溶于地表水，从而发生迁移，并残留在地表水漫延的区域，使污染扩散。

纵向上的污染物迁移主要为雨水下渗导致污染物向下方地层迁移，造成污染深度扩大。

综合考虑原场地的历史使用情况，有可能因原址企业的生产排放，管线的跑、冒、滴、漏及周边污染扩散而造成该场地的环境污染现象，建议通过采样检测的方式开展第二阶段场地环境调查。

3.2.4 前期调查结果

1. 初步采样调查方案

采用专业判断布点原则，结合地块内的生产设施分布、现场踏勘过程中揭露的污染痕迹区域分布及污染识别阶段构建的场地污染概念模型，本次初步采样调查共布设土壤采样点 54 个，地下水采样点 15 个。初步采样调查过程中土壤钻孔的深度控制在地面以下 8 m，地下水的钻孔深度控制在地面以下 12 m。

初步采样调查阶段共送检了 330 个土壤样品（包括 60 个现场平行样），最终 VOCs 测试了 270 个样品，SVOCs 测试了 266 个样品，石油烃、重金属和 pH 均测试了 158 个样品，农药类污染指标测试了 38 个样品。土壤样品检测指标共计 189 项，其中包含了《土壤环境质量　建设用地土壤污染风险管控标准（试行）》中要求必测的 45 项指标。

初步采样调查阶段共送检地下水样品 17 个（包括 2 个平行样），测试了包括重金属、VOCs、SVOCs、石油烃和 pH 等在内的 170 项指标。

2．风险筛选结果

初步采样调查结果显示，少量土壤样品中的重金属汞和六价铬的含量超过了第二类用地筛选值，石油烃、VOCs、SVOCs 等指标均未超过对应筛选值；地下水样品中仅有一个样品（1,1-二氯乙烷）的浓度高于美国加利福尼亚州非饮用情景下地下水的浓度限值，其余指标均未超过地下水的Ⅳ类水质标准。

3．调查结果分析

一是项目场地有较长的生产历史，以生产磷酸及磷酸制品为主，可能为场地土壤及地下水引入污染，污染重点区域为原生产车间及仓储区，关注污染指标为重金属、pH、PAHs 及石油烃。

二是场地周边存在较多工业企业，以无机化工和有机加工企业为主，同时紧邻项目场地的有某化工公司的电石渣堆，其经过雨水淋滤后可能会直接影响项目场地的地下水，关注污染指标为重金属、pH、PAHs 及石油烃、苯系物等。

三是检测结果显示，项目场地的土壤及地下水均存在污染。

土壤中的重金属汞和六价铬的含量均超过了第二类用地筛选值，其余指标未超标，但 pH 指标存在异常，需要重点关注；地下水样品中仅有一个样品（1,1-二氯乙烷）超标，其余指标均未超过对应的地下水标准。

四是综合前期调查和检测结果可知，项目地块内的有机污染物含量较低，主要污染指标为重金属及 pH，需要重点关注的是，污染集中在地块表层土壤中。

3.3　地块水文地质勘察情况

详细调查阶段委托了勘察设计院对项目地块开展水文地质勘察工作。通过收集资料、水文地质钻探、地下水监测井建设等水文地质勘察手段，为地块土壤环境调查工作提供所需的水文地质资料。

3.3.1　水文地质概况

1．勘察目的

查清可能受污染地块内的水文地质条件，以为污染物在地下水中的富集、迁移、转化，环境取样监测及污染分析评价提供水文地质依据。

2．勘察手段

主要采取钻探、室内土工试验分析、现场量测等综合勘察手段。

3．勘察的工作量

根据资料收集、人员访谈及现场踏勘等方式获取的信息可知，地块内的潜在污染源主要位于地表。区域地质资料表明浅部天然沉积土层以黏土和粉质黏土为主，污染物自上而下迁移，并穿透潜水含水层进入下伏承压水是十分困难的，因此本次水文地质调查重点为包气带和潜水含水层。

孔位布置：为掌握地块地层分布情况，在地块内均匀布设了10 个水文地质钻孔。

孔深确定：通过对收集的地块周围地质资料进行分析发现，本地块区域的潜水含水层主要位于人工填土层（Qml）、新近冲积层（$Q_4^{3N}al$）和全新统中组海相沉积层（Q_4^2m），水文地质勘察钻孔深度应进入潜水相对隔水层且不穿透该层。最终，本地块水文地质钻孔深度定为 12.00 m。

取样要求：每孔按层取原状土样。

土工试验要求：对所有原状土样进行室内土工物理性质试验，测定含水率、密度、孔隙比、液限、塑限、塑性指数、液性指数和渗透系数。取地下水水样，做水质分析试验。

监测井布置：为了测量地下水水位，进行地下水水质分析，检测地下水中的污染物，以及全面掌握地块地下水情况，在地块内共布设了 29 个监测井。在水文地质钻孔完成后，根据具体水文地质条件确定成井深度。

区域地貌：根据地貌基本形态和成因类型，该项目场地所在市从北至南大体可划分为山地丘陵、堆积平原和海岸潮间带三个大的类型区，滨海新区属堆积平原区中的海积低平原区。项目场地所在区域总体地势较平坦，项目场地内局部存在水池，整体较平坦。

区域其他地质条件：略。

3.3.2 土层分布条件

根据本次的勘察资料和《天津市地基土层序划分技术规程》可知，该场地埋深约 12.00 m，缺失坑、沟底新近淤积层（$Q_4^{3N}si$），全新统上组陆相冲积层（Q_4^3al）和全新统上组湖沼相沉积层（Q_4^3l+h），地基土按成因年代可自上而下分为以下 3 层，按力学性质可进一步划分为 6 个亚层。

1. 人工填土层（Qml）

该层在全场地均有分布，厚度为 1.10～1.80 m，底板标高为-0.13～-0.69 m。该层自上而下可划分为两个亚层。

第一亚层，杂填土（地层编号①$_1$）：厚度一般为 0.60～1.10 m，呈杂色、松散状态，由砖块、砼渣和废土组成。

第二亚层，素填土（地层编号①$_2$）：厚度一般为 0.50～1.50 m，呈褐色、软塑状态，无层理，粉质黏土质，含砖渣和石子。

2. 新近冲积层（$Q_4^{3N}al$）

该层厚度为 1.40～2.40 m，顶板标高为-0.13～-0.69 m，主要由黏土（地层编号③$_1$）组成，呈褐黄至灰黄色、可塑至软塑状态，无层理，含铁质，局部夹粉质黏土透镜体。

3. 全新统中组海相沉积层（Q_4^2m）

本次勘察未穿透此层，揭露最大厚度为 8.90 m，顶板标高为-2.06～-2.84 m。该层自上而下可划分为 3 个亚层。

第一亚层，粉土（地层编号⑥$_3$）：厚度一般为 1.40～2.60 m，呈灰色、中密状态，无层理，含贝壳，局部夹粉质黏土透镜体。

第二亚层，粉质黏土（地层编号⑥$_4$）：厚度一般为 1.10～2.20 m，呈灰色、软塑状态，有层理，含贝壳。

第三亚层，淤泥质粉质黏土（地层编号⑥$_5$）：本次勘察未穿透此层，揭露最大厚度为 5.00 m，呈灰色、流塑状态，无层理，含贝壳，属低压缩性土，局部夹粉质黏土透镜体。

3.3.3 地下水分布条件

1. 地下水赋存条件

包气带：主要指地下水位以上的人工填土层（Qml）杂填土（地层编号①$_1$）及素填土（地层编号①$_2$），厚度与潜水水位埋深一致，在本次勘察期内包气带厚度一般为 0.47～1.67 m。

潜水含水层：主要由地下水位以下的人工填土层（Qml）素填土（地层编号①$_2$），新近冲积层（Q$_4$^{3N}al）黏土（地层编号③$_1$）和全新统中组海相沉积层（Q$_4$^{2}m）粉土（地层编号⑥$_3$）、粉质黏土（地层编号⑥$_4$）组成，底板埋深为 7.00～7.50 m，厚度为 5.79～6.67 m。

潜水相对隔水层：主要由全新统中组海相沉积层（Q$_4$^{2}m）淤泥质粉质黏土（地层编号⑥$_5$）组成，该层总体透水性以极微透水为主，具有相对隔水作用。

2. 地下水补、径、排条件

调查期间，场地潜水主要接受大气降水补给，以蒸发排泄形式为主、侧向补给和流出为辅。水位随季节有所变化，一般年变幅在 0.50～1.00 m。

本次地下水监测井成井后，统一测量稳定自然水位（2020 年 12 月）。场地潜水水位埋深一般介于 0.47～1.67 m，水位高程介于 −0.32～0.22 m。地块积水坑塘的地表水水位标高为 −0.37 m，主要接纳雨水，水位相对地下水水位低，地下水流场呈四周向积水坑塘流动的趋势。地下水水位总体呈西北高东南低的趋势，潜水平均水力坡度约为 1.25‰。

3.3.4 水文地质勘察结论

本次调查期内，包气带厚度一般为 0.47～1.67 m。潜水含水层底板埋深为 7.00～7.50 m，厚度为 5.79～6.67 m。潜水相对隔水层总体透水性以极微透水为主，具有相对隔水作用。调查期间，地下水位总体呈西北高、东南低的趋势，潜水平均水力坡度约为 1.25‰。场地潜水属中性水。

3.4 详细采样及分析

前期的调查分析结果显示，该场地的土壤及地下水环境质量受到原场地内生产行为的影响，造成场地环境污染，使土壤及地下水存在环境风险，涉及的污染指标包括重金属、pH 和 VOCs 等。

基于以上调查结论，充分结合第一阶段场地环境调查工作及前期采样调查结果，开展第二阶段场地环境调查，采用加密布点的方式，确定场地关注污染物的水平及纵向分布范围。

3.4.1 采样方案

本项目共采集土壤样品 797 个（送检 544 个，包含 44 个平行样）、地下水样品 37 个（包含 8 个平行样）、地表水样品 5 个、底泥样品 2 个、场外表层土壤样品 4 个。

1. 土壤调查布点方案

前期调查显示，项目地块土壤污染物为重金属汞和六价铬，场地北侧 pH 偏酸性，呈现异常，受污染土壤均集中在土壤表层中。根据以上情况，确定以下土壤调查方案。

一是依据前期调查的清洁对照点划分污染区域。详细调查以初步调查结果为主要参考依据，围绕前期调查超标点位使用清洁对照点位划分污染区域及其他区域，作为加密布点分区的依据。

二是采用网格布点法进行加密布点。项目场地的建筑已全部拆除，表层土壤在拆除过程中有扰动，污染分布可能与原企业布局有出入，在污染不明确的前提下，网格布点可避免污染遗漏。污染区采用 20 m×20 m 网格密度，其余区域满足 40 m×40 m 网格密度。根据《建设用地土壤环境调查评估技术指南》要求，在详细调查阶段，对于根据污染识别和初步调查筛选的涉嫌污染的区域，土壤采样点位数每 400 m^2 不少于 1 个，其他区域每 1 600 m^2 不少于 1 个。

三是表层土壤加密取样。前期调查显示污染集中于填土层为主的土壤表层区域，每个采样点 0.2 m 和 1 m 处的样品均送检，同时在纵向上，适当加密取样，精确污染扩散深度，最终得到较为准确的修复范围，达到准确划定污染范围及土方量的目的。

四是充分考虑周边企业的影响。考虑周边企业的生产情况，并结合初步采样调查结果，在场地边界处加设采样点。加密布点的区域包括场地北侧和东侧边界出现污染的区域，边界范围内保证 20 m×20 m 布点密度。前期调查发现，场地西侧靠近渤海集团化工厂的区域、东侧靠近建筑业制造基地的区域和东南侧靠近化工公司的区域布点较少，在本次调查中进行了采样点补充。最后通过检测样品确定污染是否来源于周边工业企业。

2．地下水调查方案

项目地下水存在污染，但超标点位较少且污染物 1,1-二氯乙烷在对应土壤样品中未被检出，本次调查将对污染区域进行加密布点，同时在其余区域适当补充采样点位，保证项目场地地下水监测点密度不小于 80 m×80 m 网格密度。

一是补充地下水监测点位。前期调查阶段地下水监测点较少，详细调查阶段将进一步补充，保证能够覆盖全部重点生产区。

二是增设组合井。在前期调查显示的 pH 异常区域和地下水污染区域设置组合井，分层确定污染物来源和污染程度。

三是分区加密。在污染区域适当增加地下水监测井密度以便准确划定污染范围。

3．地表水调查方案

场内现存 3 个水塘（下方无硬化、因地势低洼蓄积雨水形成）、2 个水池（有硬化，原企业遗留），初步调查阶段未对其污染状况进行调查。本次调查采集了场地现有水池和水塘内的地表水，每个坑塘 1 个样品，对其污染情况进行了调查。

4．底泥调查方案

采集水塘内底泥，每个水塘 1 个，对其污染情况进行调查。

5．场外土壤调查方案

根据前期调查结果，在出现污染的区域对场外临近企业外围的表层土进行有针对性的采样，核实污染来源。

3.4.2 现场采样

1．采样点布设

根据详细调查方案，共布设土壤采样点 120 个，其中场内土壤采样点 116 个，场外土壤采样点 4 个；地下水采样点 31 个，其中 4 个监测井为组合井；地表水采样点 5 个；底泥采样点 2 个。详细调查阶段的采样点布设情况见图 3-1，初步调查及详细调查的采样点汇总见图 3-2。

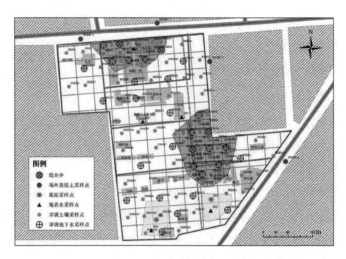

图 3-1　详细调查阶段的采样点布设情况

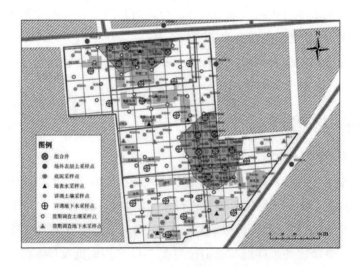

图 3-2　初步调查及详细调查的采样点汇总

2. 采样方法

可参考本书 2.4.2 节，此处略。

钻探施工情况及岩芯照片见图 3-3。

图 3-3　钻探施工情况及岩芯照片

3. 现场采样质量控制

可参考本书 2.4.2 节，此处略。

钻孔取土工作照片见图 3-4。

图 3-4　钻孔取土

3.4.3 样品检测

1. 现场快速检测

（1）检测设备

为初步判断土壤样品的污染程度、辅助确定污染最大深度，同时也为挑选样品送检提供相应数据支持，现场人员使用 X 射线荧光分析仪（XRF）快速检测设备对土壤样品的重金属元素进行现场检测，本项目使用的 XRF 型号为伊诺斯/DS4050；使用手持式 VOC 检测仪（PID）对 VOCs 进行现场检测，本项目使用的 PID 型号为 ppbRAE3000。

（2）检测方法

将土壤样品装入密封袋中揉碎并充分混合后，使用 XRF 和 PID 进行现场检测，以 ppm[①]为浓度计量单位。根据现场检测结果，依据采样原则选择检测结果较大的送检。现场检测操作照片见图 3-5。

图 3-5　现场检测

---

① ppm 是 part per million 的缩写，即 10^{-6}。

（3）检测结果

PID 现场检测结果最大值为 210.2 ppm，均值为 0.946 ppm，表明项目场地内 PID 含量整体较低，但部分区域存在污染的可能性。浅层土壤 PID 偏高，含量异常的样品集中在含水层上部。

XRF 现场检测出的指标包括铬、镍、铜、锌、砷、镉、汞、铅。由统计结果可知，有一个铅样品的快速检测结果超过了对应的筛选值，将该样品及该超标点位 0.5 m、1 m 和 2 m 处的样品全部送检。其余各指标均未超过对应筛选值

2．实验室检测

污染识别阶段确定项目场地的潜在污染源为原企业生产及周边企业排放，场地关注污染指标包括重金属、pH、PAHs、石油烃等。前期调查结果显示，各有一个土壤样品的汞和六价铬指标超过了第二类筛选值，部分区域土壤 pH 异常，有一个地下水样品的 1,1-二氯乙烷指标超过了对应标准。

结合以上调查结果，必须对土壤和地下水中的 pH、重金属汞、六价铬、1,1-二氯乙烷进行调查，同时为了进一步核实场地真实污染状况，须对《土壤环境质量　建设用地土壤污染风险管控标准（试行）》表 1 中的全部基本项目——重金属铜、铅、砷、镉、六价铬、镍、汞，以及 VOCs、SVOCs、pH、石油烃进行调查。

3.4.4　补充采样

针对详细调查揭示的污染情况，为保证污染区域均满足 20 m×20 m 网格密度，准确划定污染范围，围绕部分超标点位再次加密布点。补充采样点布设情况见图 3-6。

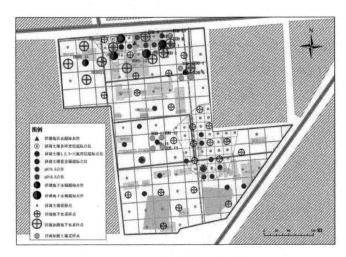

图 3-6 补充采样点布设情况

本阶段的采样调查工作主要是围绕超标点位进行加密布点，整体使用网格布点法，网格密度为 20 m×20 m。本阶段共布设 14 个土壤采样点，11 个地下水监测点，并补充采集超标地表水所在区域的底泥样品 1 个。本阶段调查的现场钻探和样品采集均遵守与详细调查阶段相同的技术规范，地下水井花管为 1.5～3.5 m，重点关注上层地下水。本阶段调查共送检土壤样品 81 个，地下水样品 11 个，底泥样品 1 个。

3.4.5 检测数据分析

1. 土壤检测数据分析

本项目详细采样调查阶段在场内共布设了 116 个土壤采样点，经过现场判断后共送检土壤样品 544 个，土壤样品中的重金属、pH、石油烃、VOCs 和 SVOCs 检测分析结果如下。

（1）土壤重金属检测结果

详细调查的重金属超标点位分布见图 3-7。检测结果显示，7
种重金属在土壤中均有检出，其中六价铬和铅各有 1 个样品超过
了《土壤环境质量　建设用地土壤污染风险管控标准（试行）》中
的第二类用地筛选值，其余检出结果均不超标。

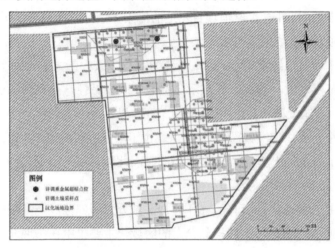

图例
  ● 详调重金属超标点位
  · 详调土壤采样点
  □ 汉化场地边界

图 3-7　详细调查的重金属超标点位分布

在点位 1 m 深度处有 1 个样品的六价铬含量为 8 mg/kg，高于
《土壤环境质量　建设用地土壤污染风险管控标准（试行）》的第
二类用地筛选值 5.7 mg/kg；在点位 1 m 深度处有 1 个样品的铅含
量为 1 770 mg/kg，高于铅的第二类用地筛选值 800 mg/kg。表层土
壤的铅和汞含量偏高（集中在填土层），其余重金属含量整体较低。

由重金属超标点位分布情况可知，项目场地仅有少量样品重
金属含量超标。超标样品所在点位其余深度的样品均未超标，超
标样品均为 1 m 以上深度样品，初步调查探明的超标点位重金属
可能来源于使用的磷矿石，在矿石破碎过程中重金属随粉尘飘散

至生产区周边，由于逸出的量较为有限，因此仅造成了表层少量土壤重金属含量超标。

（2）土壤 pH 检测结果

场地调查相关标准《土壤环境质量　建设用地土壤污染风险管控标准（试行）》及《场地土壤环境风险评价筛选值》均未明确规定土壤的 pH 含量，但项目场地的污染识别和前期调查显示 pH 为本项目场地关注污染指标。

本项目场地土壤 pH 的最小值为 2.48，最大值大于 12，数据跨度范围较大，局部区域显示出强酸性或强碱性，存在污染的可能性。我国土壤 pH 范围为 4.5～9.5，6.5 以下为酸性土壤、6.5～7.5 为中性土壤、7.5～9.5 为碱性土壤。由于项目所在地曾为盐田，以碱性土为主，土壤 pH 不应低于 6.5，因此项目将土壤 pH＞9.5 或 pH＜6.5 的样品作为污染土壤。

由土壤 pH 分布可知，pH 异常区域分为两部分。一是酸性异常区域，为 pH＜6.5 的样品分布的区域，主要集中在场地北侧，该区域曾为原化工厂硫酸车间所在区域，原企业生产时使用硫酸作为辅料，主要产品为磷酸，故土壤 pH 偏酸性污染应该是原企业生产时原料、产品泄漏造成。二是碱性异常区域，为 pH＞9.5 的样品分布的区域，主要分布在场地中部，该区域历史上以宿舍、仓库和澡堂等非生产车间为主。由 pH 含量分布规律可知，项目场地最早为盐田，土壤整体偏碱性，超标样品也集中在 3～5 m 的老土层，极有可能是盐田本身带有的碱性。但 HXD15 号点位 1 m 以上的土壤 pH＞12，HXD87 号点位 0.2～5 m 的土壤 pH＞10，这两个点位可能受到了污染，项目场地多个生产环节使用了 KOH、NaOH 等碱液进行中和，物料可能在使用或运输过程中洒漏，造成从表层土壤开始向下扩散的 pH 异常区域。

（3）土壤石油烃检测结果

对项目场地土壤样品中的石油烃（$C_{10} \sim C_{40}$）含量进行检测发现，544 个样品中有 325 个样品检出了石油烃。除 1 个样品外，其余样品中的石油烃含量均较低，但全部样品的石油烃含量均不超过《土壤环境质量　建设用地土壤污染风险管控标准（试行）》中的第二类用地筛选值。

（4）土壤 VOCs 检测结果

土壤中共检出 12 种 VOCs，分别是四氯化碳、氯仿、1,1-二氯乙烷、1,1-二氯乙烯、四氯乙烯、1,2,3-三氯丙烷、苯、氯苯、1,2-二氯苯、1,4-二氯苯、甲苯和间/对-二甲苯。

由统计结果可知，这 12 种 VOCs 在土壤中均有少量检出，其中有 4 个样品的 1,2,3-三氯丙烷的检测结果超过了《土壤环境质量建设用地土壤污染风险管控标准（试行）》中的第二类用地筛选值，4 个样品的深度分布在 3 ~ 5 m。

（5）土壤 SVOCs 检测结果

SVOCs 的检出结果以 PAHs 为主，另有少量样品中的苯并（*a*）蒽、苯并（*a*）芘、苯并（*b*）荧蒽、茚并（1,2,3-*cd*）芘和二苯并（*a,h*）蒽超标，超标样品均来自 HXD5 号点位，且为该点位填土层（0.2 ~ 1 m）样品，其余指标均未超过对应标准。

2．场外土壤初步采样检测结果

为监测项目场地周边邻近企业对项目场地的影响，在场地周边布设了 4 个表层土壤对照点，用来辅助判断场内污染来源，对照点均为前期调查的超标区域附近企业的外围表层土。

（1）无机物指标检测结果

场外土壤样品检测结果显示，除六价铬外，其余重金属指标均有检出，但检测结果均未超过《土壤环境质量　建设用地土壤污染风险管控标准（试行）》中的第二类用地筛选值。

（2）有机物指标检测结果

场外土壤的有机物指标中仅检出了石油烃，VOCs 和 SVOCs 均未被检出。各样品中的石油烃含量均未超过《土壤环境质量　建设用地土壤污染风险管控标准（试行）》中的第二类用地筛选值。

3．地下水检测数据分析

本项目初步采样调查共布设 31 个地下水采样点（实际为 29 个），送检 37 个地下水样品。地下水中重金属、pH、石油烃、VOCs 和 SVOCs 的检测结果如下。

（1）地下水无机物指标检测结果

除了六价铬和汞，其他重金属指标在地下水中均有检出。除了部分样品中镉和镍的检测结果超过了《地下水质量标准》中的Ⅳ类水质标准，其余重金属均未超标。

（2）地下水 VOCs 检测结果

1,1-二氯乙烷、苯、氯苯和 1,2-二氯苯 4 个指标在若干样品中有检出，但均未超过对应标准，其余指标均未检出。

（3）地下水 SVOCs 检测结果

所有地下水样品中均未检出 SVOCs。

地下水中镍含量超过对应标准的区域集中在场地北部，位于原修车间附近。由超标结果可知，污染主要集中在地下水上层，HXD6 和 HXD14 两个监测井均在浅井中出现了高含量的污染物镍，而地下水下层样品中的镍含量未超标；周边布设花管较长的 16 号点位和 20 号点位均有镍超标的现象，说明该区域地下水中镍含量超标，且集中在地下水上层。补充采样点采集的上层地下水样品检测结果显示，周边补充采样点的地下水中镍含量也超过了对应标准。

　　详细调查中的 HXD32 号点位土壤中 1,2,3-三氯丙烷的含量较高,超过了对应标准,补充调查在该区域设置了地下水采样点,花管位置在超标土壤分布区间,调查结果显示,该区域地下水中的 1,2,3-三氯丙烷含量超过了 EPA 标准。

　　结合污染识别内容可知,生产黄磷所用的原材料为焦炭和硅石,这两种原材料中往往含有多种重金属,生产时要对其进行充分地破碎及筛分,重金属便在原料破碎时进入粉尘和废水,对土壤和地下水造成影响。因此,在生产区域周边存在土壤、地下水重金属超标的现象。1,2,3-三氯丙烷超标点位的土壤和地下水均出现了超标现象,具有明显的相关性,污染来源为设备清洗废水随污水管线的渗漏。

4.地表水检测数据分析

　　DB1 号样品的取样位置靠近北侧围墙,该区域曾分布有东西走向的条状坑塘,塘中地表水呈现黄色。由于取样时间为冬季涸水期,该坑塘地表水接近干涸,水面面积极小,坑塘水深不足 10 cm。检测结果显示,该坑塘中的地表水呈强酸性,且铜、铅、镉、镍、砷和汞多种重金属含量超过了地表水标准,与该区域土壤、地下水污染状况相符。该坑塘底泥呈酸性,但其余指标均未超过对应标准。据场地相关管理人员反映,该坑塘地表水主要由雨水汇集形成。根据分布情况推断,该区域曾有污水管线通过,在管线清理的过程中可能有残留污水泄漏,并与雨水混合,造成该区域的污染。

5.底泥检测数据分析

　　项目场地内因地势低洼形成的两处水塘下方无硬化,详细调查中采集了 2 个底泥样品来判断水塘下方土壤的污染状况,底泥如果存在污染将与土壤一起处置,因此各指标参照《土壤环境质

量 建设用地土壤污染风险管控标准（试行）》中的第二类用地筛选值。

（1）底泥无机物指标检测结果

由底泥检测结果可知，除六价铬外，其余重金属在底泥中均有检出，但含量均不超过《土壤环境质量 建设用地土壤污染风险管控标准（试行）》中的第二类用地筛选值。

（2）底泥有机物指标检测结果

底泥样品中的有机物指标仅石油烃（$C_{10} \sim C_{40}$）有检出，且检出结果远远小于《土壤环境质量 建设用地土壤污染风险管控标准（试行）》中的第二类用地筛选值。

3.4.6 采样分析结论

由土壤、地下水、地表水和底泥送检样品分析数据可知，场内土壤及地下水存在污染，具体情况如下。

1. 场内土壤采样分析结论

一是有 1 个场内土壤样品的六价铬含量超过了《土壤环境质量 建设用地土壤污染风险管控标准（试行）》中的第二类用地筛选值，1 个样品的铅含量超过了第二类用地筛选值，其余重金属指标均未超标。

二是场内土壤 pH 为 2.48～12，部分样品显示出强酸性或强碱性，有 50 个样品的 pH＞9.5 或 pH＜6.5，其中有 7 个点位的土壤碱性较强，可能存在污染。

三是土壤中的石油烃含量均未超标。

四是土壤中共检出 12 种 VOCs，分别是四氯化碳、氯仿、1,1-二氯乙烷、1,1-二氯乙烯、四氯乙烯、1,2,3-三氯丙烷、苯、氯苯、1,2-二氯苯、1,4-二氯苯、甲苯和间/对-二甲苯，其中有 4 个样品的 1,2,3-三氯丙烷含量超过了《土壤环境质量　建设用地土壤污染风险管控标准（试行）》中的第二类用地筛选值，4 个样品的深度分布在 3～5 m，其余指标均未超标。

五是场内土壤中检出了 8 种 SVOCs，分别为苯并（a）蒽、苯并（a）芘、苯并（b）荧蒽、苯并（k）荧蒽、茚并（1,2,3-cd）芘、䓛、二苯并（a,h）蒽和萘。其中有少量样品中苯并（a）蒽、苯并（a）芘、苯并（b）荧蒽、茚并（1,2,3-cd）芘、二苯并（a,h）蒽含量超标，其余指标均未超过对应标准。

2. 地下水采样分析结论

一是地下水样品中，除六价铬和汞外，其余指标均有检出。HXD25 点位处的样品中镉含量超过了《地下水质量标准》的Ⅳ类水质标准；有 4 个点位处的镍含量超过了Ⅳ类水质标准，其余重金属均未超标。

二是 37 个地下水样品中有 36 个检出了石油烃，但均未超过《上海市建设用地土壤污染状况调查、风险评估、风险管控与修复方案编制、风险管控与修复效果评估工作的补充规定》中的第二类用地筛选值。

三是 1,1-二氯乙烷、苯、氯苯和 1,2-二氯苯 4 个指标在地下水中有检出，但均未超过对应标准。SVOCs 指标在地下水中均未检出。

3. 其他采样分析结论

一是取自北侧水塘中的地表水 DB1 号样品 pH 为 2，呈强酸性，铜、铅、镉、镍、砷和汞均超过了《地表水环境质量标准》的Ⅳ类水质标准，表明该水池存在污染，其余地表水样品均未出现超标现象。

二是场外土壤和底泥检测结果均未超过对应标准。场外土壤及底泥样品中的铜、铅、镉、镍、砷和汞含量均超过了《地表水环境质量标准》的Ⅳ类水质标准，表明该水池存在污染。

4．补充采样调查结果

（1）土壤补充采样调查结果

补充采样共布设土壤采样点 14 个，送检样品 81 个。

pH：共有 4 个点位的共计 10 个样品 pH＜6.5，1 个点位 0.2 m 和 1 m 深度处的样品 pH＞9.5，碱性较强。本次检测结果 pH 异常点位分布情况与详细调查结果酸碱异常区域分布相关性较强。pH＜6.5 的样品分布在场地北侧生产区，pH＞9.5 的样品位于碱性异常点位周边。

重金属：由检测结果可知，各补充点位的重金属指标均未超过《土壤环境质量　建设用地土壤污染风险管控标准（试行）》的对应标准。

1,2,3-三氯丙烷：详细调查中围绕 1,2,3-三氯丙烷超标点位布设的 4 个加密采样点中，1 个点位 3～6 m 处的样品中 1,2,3-三氯丙烷超标，说明埋深 3 m 的污水管线渗漏后，污染已向下方迁移。

（2）地下水补充采样调查结果

根据详细调查结果，补充布设了 11 个监测井，并送检了 11 个地下水样品，进一步确定了地下水污染范围，补充采样调查地下水超标点位分布如图 3-8 所示。检测结果显示，新建的监测井中有 6 个采样点的地下水中镍含量超过《地下水质量标准》的Ⅳ类水质标准，4 个采样点的镉含量超过了Ⅳ类水质标准，超标区域补充地下水井中的 1,2,3-三氯丙烷含量也超过了 EPA 区域筛选值 2019 中的 MCL Screening Levels。

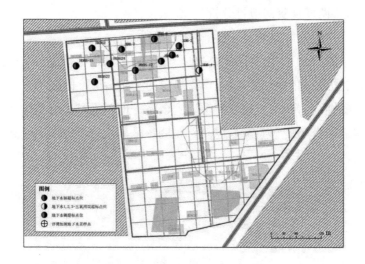

图 3-8　补充采样调查地下水超标点位分布

（3）底泥补充采样调查结果

详细调查中有 1 个点位的地表水含量超标，故补充采样时在相同位置补采了 1 个底泥样品，对坑塘内的土壤污染状况进行调查分析。结果显示，底泥样品中仅 pH、重金属和石油烃有检出，且仅出现了 pH 异常的现象。

由补充采样调查结果可知，部分加密点位土壤 pH 异常，原土壤 1,2,3-三氯丙烷超标点位周边有一个点位处土壤和地下水的1,2,3-三氯丙烷均出现异常，浅层地下水中多个加密点的镍、镉含量超过了《地下水质量标准》的Ⅳ类水质标准。

3.4.7　与前期调查结果对比分析

本阶段调查是在前期调查基础上开展的，与前期调查结果对比，可得到以下结论。

1．两期调查对应性分析

（1）污染位置的对应性

由图 3-9 可知，本次调查的土壤、地下水超标范围与前期调查具有很好的对应性，前期调查揭示的土壤偏酸性区域本次调查仍为酸性；前期调查揭示的土壤重金属、地下水有机物超标区域为详细调查 pH 碱性异常区域，说明该区域在生产使用中受到了污染。

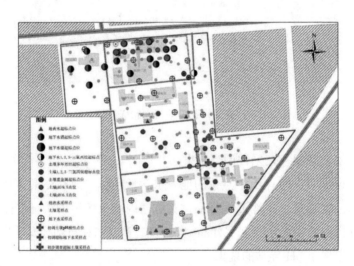

图 3-9　详细调查与初步调查结果对比

（2）污染指标的对应性

前期调查的土壤超标污染物为汞和六价铬，地下水超标污染物为 1,1-二氯乙烷。本次调查中检出了汞，但检测结果未超标；六价铬存在超标现象；前期地下水超标监测井所在区域加设的监测井 HXD62、HXD70、HXD73、HXD77 和 HXD82 等多个点位均检出了 1,1-二氯乙烷，但未超过美国加利福尼州非饮用情景下地下水的浓度限值。

（3）污染深度的对应性

前期调查结果显示，土壤 pH＜7 的点位主要集中在 1 m 以内的浅表层土壤，其中汞超标位于 1S39 号采样点的 0.5 m 处，详细调查中土壤 pH＜6.5 的样品及其他重金属和有机物超标的样品主要集中在土壤表层 0～1 m。

2．两期调查差异性分析

（1）详细调查超标污染物种类增加

前期调查时土壤中仅发现了 pH 异常，重金属汞和六价铬超标的现象，但在详细调查过程中又发现了重金属汞、PAHs 以及 1,2,3-三氯丙烷超标的现象，它们均为单一点位超标。经分析，出现差异的原因为随着采样点数量的增加，土壤调查密度加大，小范围内的污染被发现。

（2）土壤污染物含量升高

详细调查的采样点位是重点围绕初步调查超标点位进行加密布设的，加密点位均处在潜在污染扩散范围之内，与前期调查相比，可能更加接近污染源，故调查结果较前期含量更高。前期调查于 2019 年完成，详细调查时间为 2020 年年底至 2021 年年初，相隔时间较短，故土壤中的污染物不能在短时间内自然衰减造成含量下降。

（3）地下水污染状况的变化

详细调查结果显示，场地北侧地下水中多个点位的镉和镍含量超标，污水管线周边有 1 个点位的地下水中 1,2,3-三氯丙烷超标，但前期调查中仅有 1 个点位 1,1-二氯乙烷超标。原因分析：通过组合井测试结果可知，项目场地地下水重金属超标集中在潜水层上部，下部并未超标。因此，在补充调查中针对这一污染分布特征，将地下水监测井花管设计在 1.5～3.5 m，从而揭示了地下水中重金属污染范围。

1,2,3-三氯丙烷超标点位于污水管线周边，在前期调查中该区域未布设采样点。详细调查在前期调查中揭示的 1,1-二氯乙烷超标监测井周边布设了多个监测井，这些地下水样品中同样检出了 1,1-二氯乙烷，但含量均未超过对应标准。

结合两阶段采样调查，基本明确了项目地块的污染物类型和污染分布信息，为项目地块的风险评估和后续污染治理提供了数据支持。

3.4.8 不确定性分析

针对调查事实，基于标准方法，应用科学原理和专业判断进行逻辑推断和解释。本项目报告是基于有限的资料、数据、工作范围、时间周期、项目预算及目前可以获得的调查事实而做出的专业判断，只能作为指导性说明使用而不适合作为直接的行动方案。现场的具体施工方案需要根据本结论及相关方的要求进一步细化。

项目进行过程中存在如下限制性条件：

一是调查时项目场地原有建筑物基本已全部拆除，表层土壤存在翻整痕迹。本次调查的污染识别是根据历史影像还原的生产布局，可能与实际情况有出入，污染情况将根据实际采样调查结果确定。

二是由于建筑、管线拆除，场内部分区域地势低洼，降雨后形成水坑，水坑中的地表水深度、分布范围受季节、降水影响较大，因此报告中的地表水位置及面积仅代表调查期间的分布情况。

三是项目场地老土以碱性土为主。土壤中存在 pH 碱性异常的情况，除受生产中使用的 KOH 等原料影响外，可能也与原场土质有关，调查工作仅能确定污染程度和分布情况，具体受土质的影响程度无法确定。

四是场地周边工业企业较多，且多为工艺类似的无机化工企业，尤其是紧邻项目场地的某集团，在靠近场地边界处设置了一个电石渣堆。周边企业的生产和废渣堆置可能成为潜在污染源，为项目地块引入新的污染。

综上所述，土壤中污染物在自然过程的作用下会发生迁移和转化，地块上及周边的人为活动更会改变土壤污染物的分布，造成污染物范围的变化。因此，从准确性和有效性的角度考虑，本项目报告是针对本阶段调查状况来展开分析、评估和提出建议的，如果评估后地块上有挖掘、施工等扰动活动，则可能再次改变土壤中污染物的分布状况，从而影响本项目报告在应用时的准确性和有效性。

3.5　结论及建议

3.5.1　结论

本项目地块的面积约为 15.25 hm^2，项目场地为某化工厂所在地，地块现状为空地，规划用地类型为工业用地。

本项目地块原企业历史上从事过磷酸及磷酸盐的生产，生产过程中的加热环节涉及燃煤，可能导致厂区土壤存在一定程度的重金属和 PAHs 污染；机械维修过程中，涉及润滑油和清洗油的跑、冒、滴、漏，可能造成土壤和地下水存在石油烃污染和 VOCs 污染；原料、产品和废弃物中均有酸性及碱性物质，有可能造成土壤和地下水的 pH 异常。此外，现场踏勘过程发现场地北侧遗留有地势相对低洼的沟渠和坑，局部地表土壤颜色异常，地块存在污染的可能性。场地周边有大量工业企业存在，主要为无机化工企业和有机加工企业。周边企业均处于生产状态，产生的污染物可能对项目场地造成污染。综合考虑场内、场外污染源位置及影响大小，确定场地关注污染指标包括重金属、pH、PAHs 和石油烃。

本项目地块于 2019 年开展了初步土壤环境调查，调查结果显示，土壤中有少量样品的重金属汞和六价铬含量超过《土壤环境质量　建设用地土壤污染风险管控标准（试行）》中的第二类用地筛选值，但石油烃、VOCs、SVOCs 和农药等指标均未超过对应筛选值；地下水样品中仅有一个样品（GW09）有 1,1-二氯乙烷检出，浓度高于美国加利福尼亚州非饮用情景下地下水的浓度限值，其余指标含量均未超过《地下水质量标准》的Ⅳ类水质标准。

为进一步明确污染边界、准确划定污染范围并估算修复工程量及费用，该地块开展了更为详细的调查。

详细调查阶段共布设土壤采样点 134 个，其中场内土壤采样点 130 个，场外土壤采样点 4 个；地下水采样点 42 个，其中 4 个监测井为组合井；地表水采样点 5 个；底泥采样点 3 个。土壤及地下水勘查孔采样深度为 5.0～15.0 m，共采集土壤样品 878 个，送检土壤样品 625 个（包含 44 个平行样），地下水样品 48 个（包含 8 个平行样），地表水样品 5 个，底泥样品 3 个，场外表层土壤样品 4 个。

采样调查结果显示，场地土壤、地下水、地表水样品均存在超过对应筛选值的现象，需要对项目地块进行风险评估。

一是场内土壤中除六价铬、铅含量超过《土壤环境质量　建设用地土壤污染风险管控标准（试行）》第二类用地筛选值外，其余重金属指标未超标；场内土壤有 11 个点位碱性较强，可能存在污染；有少量样品中苯并（*a*）蒽、苯并（*a*）芘、苯并（*b*）荧蒽、茚并（1,2,3-*cd*）芘、二苯并（*a,h*）蒽超标，超标样品为填土层（0.2～1）样品，其余指标未超过对应标准。

二是地下水样品镉、镍超过《地下水质量标准》Ⅳ类水质标准，其余重金属未超标。地下水 1,2,3-三氯丙烷含量超过 EPA 2019 MCL Screening Levels，其他指标未超过对应标准。

三是北侧水塘中的地表水部分样品呈强酸性，铜、铅、镉、镍、砷、汞均超过《地表水环境质量标准》Ⅳ类水质标准，其余地表水样品未出现超标现象。该水池取得的底泥样品 pH 为 2.06，其余指标未见异常，其余底泥样品未超标。

四是场外土壤检测结果均未超过对应标准。

3.5.2　建议

调查结果显示，项目地块土壤、地下水和地表水部分样品的污染物含量高于对应筛选值，根据《建设用地土壤污染风险评估技术导则》（HJ 25.3—2019）的要求，需要对该地块开展风险评估，确定该地块风险是否可以接受。

第4章 案例3：某化工公司搬迁项目地块土壤环境调查

4.1 场地项目概况

项目地块曾于 2016—2017 年开展了场地调查与风险评估工作，前期调查结果显示该场地的土壤和地下水存在污染，环境风险不可接受，场地需要进行修复。本项目以前期调查评估工作为基础，主要目的是核实场地污染情况，全面指导修复工作的开展。项目地块未来拟建设住房，属于敏感用地，项目将根据场地未来用地类型开展调查评估工作。

4.2 污染识别

4.2.1 地块及周边情况

1. 地块现状及历史

根据现场踏勘情况（2019 年 4 月），项目地块内南侧建筑物已全部拆除，地上、地下管线均已清理；北边大部分厂房已拆除，仅有少量建筑仍存在。整个地块表层土壤已经过翻整，裸露土壤均有防尘苫网覆盖，场地周边企业已经停产（图 4-1）。

图 4-1　地块现场照片（摄于 2019 年 5 月）

根据调查所得信息结合地块历史影像图对地块历史变迁进行追溯，具体情况如下。

（1）第一阶段：生产运营阶段

从建厂到停产搬迁的 54 年时间里，该企业基本经历了六个主要阶段。第一阶段（1962 年 3 月—1965 年年底），为建厂初期试生产阶段，从事炼油、凡士林等生产，生产规模较小，设备简陋；第二阶段（1966—1973 年年底），为生产初步发展阶段，基本确立了生产发展方向（小石油化工），凡士林作为老产品继续生产，新产品环氧乙烷、环氧丙烷从试生产到基本稳定；第三阶段（1974—1979 年），为老产品稳定提高阶段；第四阶段（1980—1983 年），维持原有生产，并开发研制新产品；第五阶段（1984—1988 年），新产品聚醚多元醇、乙二醇乙醚等投入生产；第六阶段（1988 年），以聚醚多元醇、聚合物多元醇、乙二醇乙醚为主要产品的生产期（图 4-2）。

由历史遥感影像图及初步调查时采集的照片可知，在 2016 年之前，场地保持生产时的原状，场地内有大量厂房、设备及原辅料储罐，地上、地下均有管线分布。截至 2016 年，该化工公司已全面停产。

图 4-2　生产期间场地布局照片（2016 年）

（2）第二阶段：拆迁整理阶段

在完成初步调查后，项目场地对原有设备、管线、储罐及厂房进行了拆除，截至目前，约 80%的设备厂房已经拆除清理完毕。在拆除过程中，场地地面硬化破除，表层土壤受到翻整，扰动明显。

2. 地块周边敏感目标

本地块位于工业区内，周边曾经以工业企业为主，但随着这些企业停产搬迁，部分区域开始存在住宅用地敏感目标。

3. 地块周边情况

项目场地周边以化工企业为主。临近项目场地的有皮革化工厂、车业制造公司、树脂有限公司、印刷厂和卷烟厂等，距离场地稍远的有染料化学厂。

邻近企业建厂都较早、生产历史较长、生产涉及的化学污染物较多且较复杂，如果存在污染泄漏或排放，则通过地下水和空气流动造成项目场地污染的可能性较大。

4．地块未来规划

项目地块未来拟建设保障性住房，为敏感用地，项目将根据场地未来用地类型开展调查评估工作。

4.2.2　原址企业生产工艺及排放源识别

该公司的主要产品为聚醚多元醇、聚合物多元醇及乙二醇乙醚，由获得的厂史资料可知，20 世纪 60 年代，该厂从事过小规模炼油、蓄热裂解法制备烯烃生产环氧乙烷和环氧丙烷，历史上还曾经生产过凡士林，现根据时间顺序对各主要产品生产工艺进行分析。

1．粗制汽油、柴油生产工艺

根据厂史介绍，1960 年建厂初期，该厂进行过小规模粗制汽油、柴油生产，工艺简单，设备仅为一个蒸馏釜，采用明火加热，生产原料为原油。因生产时间较早、规模小、使用时间短，已无法获得确切信息。根据当时的生产工艺水平，推断其生产工艺。

（1）生产工艺流程

蒸馏釜炼油主要是将原油在蒸馏釜中加热，在一定压力下，液体开始气化，生成的蒸汽当即被引出并冷凝冷却收集，同时液体继续加热，生成蒸汽并被引出。

（2）排放源识别

1960 年前后，生产设备简单，环保意识较弱，没有专门的环保措施，可能造成废气、废水及废液的乱排乱放。原油成分复杂，有烷烃、环烷烃、芳香烃等多种成分，可能在生产、储存的过程中进入土壤和大气环境，对场内土壤和地下水造成污染。可能产生的污染物类型见表 4-1。

表 4-1 粗制汽油、柴油生产工艺可能产生的污染物类型

分类	化学品	对应车间	污染物
废气	废蒸汽	蒸馏釜所在区域及周边	石油烃,烷烃、环烷烃、芳香烃等
废水	冷却水		
固体废物	蒸馏废液		

2. 环氧乙烷（EO）生产工艺

1965 年年初,该厂开始使用蓄热裂解制取烯烃生产环氧乙烷。主要设备包括蓄热炉和气柜等,生产规模和具体工艺现已无资料可考证。经推断,20 世纪 60 年代我国还未引入以生产聚酯原料乙二醇为目的产物的环氧乙烷/乙二醇联产装置,应该是使用的氯醇法生产环氧乙烷。

（1）生产工艺流程

氯醇法生产环氧乙烷共分两步:第一步是将乙烯和氯气通入水中,生成 2-氯乙醇;第二步是用碱（通常为石灰乳）与 2-氯乙醇反应,生成环氧乙烷,化学反应式如下:

$$CH_2 = CH_2 + Cl_2 + H_2O \longrightarrow CH_2ClCH_2OH + HCl$$

$$2CH_2ClCH_2OH + Ca(OH)_2 \longrightarrow C_2H_4O + CaCl_2 + 2H_2O$$

（2）排放源识别

通过对生产工艺的分析可知,主要的污染来源于原料及辅料的渗漏、蓄热裂解产生的烃类和苯、酸化尾气、皂化废渣、精馏废水,对应污染物为烃类、苯、氯乙醇和环氧乙烷等。可能产生的污染物类型见表 4-2。

表 4-2 环氧乙烷生产工艺可能产生的污染物类型

分类	化学品	对应车间	污染物
副产物	苯	蒸馏釜所在区域及周边	苯
	氯乙醇		氯乙醇
废气	酸化尾气		氯气、盐酸、2-氯乙醇
废水	精馏废水		
固体废物	废渣		

3. 环氧丙烷（PO）生产工艺

1965 年年初，该厂开始使用蓄热裂解制取烯烃生产环氧丙烷。主要设备包括蓄热炉和气柜等，与环氧乙烷的生产同步开始。结合当时的生产水平，应该采取的是当时国内比较流行的氯醇法。

（1）生产工艺流程

丙烯、氯气和水在常压、60℃下加热，产生氯丙醇，再经氢氧化钙处理、凝缩、蒸馏，得到环氧丙烷，化学反应式如下。

$$HClO + CH_2CHCH_3 \longrightarrow CH_3CH(OH)CH_2Cl$$

$$CH_3CH(OH)CH_2Cl \longrightarrow CH_3CH_2CH_2O + HCl$$

（2）排放源识别

通过对生产工艺的分析可知，主要的污染来源于原料及辅料的渗漏、蓄热裂解产生的烃类和苯、氯醇化尾气、皂化废水、蒸馏废渣，对应污染物为烃类、苯、氯丙醇和环氧丙烷等。可能产生的污染物类型见表 4-3。

表 4-3   环氧丙烷生产工艺可能产生的污染物类型

分类	化学品	对应车间	污染物
副产物	苯	蒸馏釜所在区域及周边	苯
	氯丙醇		氯丙醇
废气	氯醇化尾气		氯气、盐酸、氯丙醇
废水	皂化废水		
固体废物	蒸馏废渣		

4．凡士林生产工艺及排放源识别

原企业在 1962—1988 年主要生产凡士林，年产量约 1 000 t，聚醚部于 1963 年开始用蜡膏作为原料生产凡士林，后通过实验，使用三氯化铝精制方法生产白凡士林。

（1）生产工艺流程

凡士林的生产主要是将轻脱蜡膏、机械油、锭子油混合后，加入稠化剂并加热经过稠化，得到产品黄凡士林。原企业采用三氯化铝进行精制，得到产品白凡士林。

（2）排放源识别

通过对凡士林生产过程的分析，推断其生产过程中的污染物主要来自原料及辅料的渗漏，原辅料主要为石油产品蜡膏、机械油、锭子油等，对应污染物为石油烃、PAHs。由于该产品已停产多年，生产车间已用作其他用途，因此只能根据人员访问确定原生产车间位置及可能的排放源位置。可能产生的污染物类型见表 4-4。

表 4-4   凡士林生产工艺可能产生的污染物类型

分类	化学品	对应车间	污染物
固体废物	废原料（轻脱蜡膏、机械油、锭子油）	凡士林生产车间及周边（现污水处理车间周边）	石油烃、PAHs、苯系物等
	废稠化剂		
	废脱色剂		

5. 乙二醇乙醚生产工艺及排放源识别

乙二醇乙醚的生产装置是在旧装置的基础上改造而来的，最初设计规模为 60 t/a，于 1976 年建成并投产。1985 年使用新型催化剂 ZSM 分子筛后，生产规模达到 100 t/a。

（1）生产工艺流程

乙二醇乙醚的主要生产原料为乙醇和环氧乙烷。将设定量的乙醇由流量计计量，经过滤机打入反应釜中，在起始温度下投入环氧乙烷，乙醇在蒙脱土（DH-1）催化剂作用下与环氧乙烷进行加成反应，过滤后得到含有乙二醇单乙醚和多醚的反应液，经过脱醇，精馏而得到乙二醇乙醚产品。

精馏工序包括脱醇和精馏两个步骤：脱醇是将反应液打入反应液高位罐中，经流量计计量后通过反应液预热器进入脱醇塔，控制预热温度、塔顶温度、釜温和回流比，塔顶馏出物经冷凝收集后进入原料乙醇贮罐，供反应使用，釜液进入脱醇塔釜液罐，为下一步处理（精馏）备料。

精馏是将脱反液打入脱反液高位罐，经流量计计量后经脱反液预热器，进入精馏塔，控制预热温度、塔釜温度、顶温、出料温度和成品温度。

成品经过冷凝器冷却后进入中间成品罐中，需加二丁基羟基甲苯（BHT）时，在罐中按比例加入 BHT。经检验合格后放入成品混配罐，准备包装。

（2）排放源识别

通过对乙二醇乙醚生产过程的分析，推断其生产过程中的污染物主要来自原料及辅料的渗漏，原辅料主要为乙醇、环氧乙烷和催化剂等，对应污染物为石油烃、VOCs、SVOCs。可能产生的污染物类型见表 4-5。

表 4-5   乙二醇乙醚生产工艺可能产生的污染物类型

分类	化学品	对应车间	污染物
固体废物	加成反应反应釜釜残	乙醚装置、化工装置	乙醇、环氧乙烷、DH-1（蒙脱土）、ZSM分子筛（沸石）、VOCs、SVOCs
	过滤机产生的残渣	乙醚装置、化工装置	乙醇、环氧乙烷、DH-1（蒙脱土）、ZSM分子筛（沸石）、VOCs、SVOCs
	脱醇塔蒸馏残渣	脱醇塔及周边	乙二醇乙醚、多醚、VOCs、SVOCs
	精馏塔残渣	精馏塔及周边	乙二醇乙醚、VOCs、SVOCs
大气污染物	未反应原料气	—	乙二醇乙醚、VOCs、SVOCs

6. 聚醚多元醇生产工艺及排放源识别

聚醚多元醇于 1989 年开始生产，此后一直作为原企业的主要产品，经过几次扩建，生产能力为 8 万 t/a。

（1）生产工艺流程

聚醚多元醇（PPG）的主要生产原料为环氧乙烷和环氧丙烷，生产时首先向反应釜投入定量的起始剂与碱，通过脱水生产出催化剂，将定量的催化剂与原料环氧丙烷混合，反应生成低聚物。再由定量的低聚物与环氧丙烷、环氧乙烷反应生成粗聚物后，经过加酸中和、纯水添加过程，然后进行脱水干燥结晶，最后通过循环过滤得到相应的产品。

（2）排放源识别

项目通过对生产过程进行分析，推断其生产过程中的污染物主要来自原料及辅料的渗漏、脱水产生的废水及反应釜釜残等，原辅料主要为环氧丙烷、环氧乙烷、起始剂（甘油）、碱（KOH）、催化剂 DMC（双金属氰化物）等，对应污染指标为重金属、氰化物、pH、石油烃、VOCs、SVOCs。可能产生的污染物类型见表 4-6。

表 4-6 聚醚多元醇生产工艺可能产生的污染物类型

分类	化学品	对应车间	污染指标
固体废物	废渣	反应釜废渣出料口及周边	重金属、氰化物、pH、石油烃、VOCs、SVOCs
大气污染物	未聚合单体	PPG 生产车间周边	
水污染物	脱水后废水	PPG 生产车间	

7. 聚合物多元醇生产工艺及排放源识别

聚合物多元醇于 2008 年开始生产，年产 10 000 t，该产品主要用于汽车生产。

（1）生产工艺流程

聚合物多元醇（POP）采用半间歇半连续的生产方式，先将定量的聚醚多元醇、苯乙烯和丙烯腈等投入混料釜中进行搅拌，再将搅拌均匀的物料排到混料储罐中，用泵连续地打入反应釜进行反应，生成粗品 POP，经过高真空薄膜蒸发器脱去水和其他杂物，得到产品。

（2）排放源识别

项目通过对生产过程进行分析，确定其生产过程中的污染物主要来自原料及辅料的渗漏、脱水产生的废水及反应釜釜残等，原辅料主要为聚醚多元醇、苯乙烯（SM）和丙烯腈（AN）等，对应污染物为重金属、VOCs、SVOCs 等。可能产生的污染物类型见表 4-7。

表 4-7　聚合物多元醇生产工艺可能产生的污染物类型

分类	化学品	对应车间	污染物
固体废物	废渣	POP 生产车间及原料储罐	重金属、VOCs、SVOCs
大气污染物	原料气		AN、SM、VOCs、SVOCs
	原料气		
	未反应原料气		
	未反应原料气		
	未反应原料气		
水污染物	脱水后废水		

4.2.3　潜在泄漏源识别

场地内各生产车间、储罐区等存储、使用化学品的区域，可能因管理不善、生产事故等使污染物泄漏，造成场地内土壤、地下水污染。这些区域是取样调查的重点，项目首先对潜在的泄漏源进行了分类、整理及分析，在此基础上再进行实地踏勘，确定热点区防护措施现状及污染痕迹，初步判断污染情况。

1. 潜在泄漏源判断

根据实际生产情况可知，场地内的潜在泄漏源包括原料储罐、中间罐及成品储存区，各产品的灌装、包装车间，罐体与管线、物料泵连接的区域，精馏塔、反应釜等生产设备，污水处理装置、污水储罐等设备，污水管线（表 4-8）。

表 4-8　潜在泄漏源

类型	泄漏源
储罐区	成品储存区、乙醇罐区、成品库、聚醚配套仓库、POP 罐区、加油站、EO 罐区、PO 罐区、中间罐区、SM 罐区、危险品仓库等
生产设备	乙醚装置、化工装置、POP 装置、POP 包装、POP 后处理、27 包装、聚醚包装、聚醚装置区等
污水处理设施	污水处理站、污水罐区
管线	污水管线

2．现场调查结果

场地内的物料管线以地上管线为主，在现场调查时未发现泄漏痕迹，污水及消防水管线为地下管线，污水管线也是本项目重点关注的潜在泄漏源。

经调查，场地内共有原料罐区 8 个，成品储存区 3 个，罐区全部设有围堰，成品以铁桶密封包装，成品储存区地面均有硬化。

该公司主要设备出料口、检验口下方都设有防渗槽，防渗槽一般为水泥质地，底部厚度大于 40 cm，上部有钢板覆盖；调查中未发现槽中有污染痕迹，但仍作为潜在泄漏源进行关注。

4.2.4　场地污染概念模型

通过对场地历史、生产工艺和产污环节的分析，结合采样调查确定的污染范围，可以明确地构建出项目场地污染概念模型，以全面描述项目场地的污染产生过程、污染分布、污染迁移等情况，有效指导调查工作方案制定，可作为调查技术方案的前提和依据。

1．污染产生

通过对已有资料的分析、现场踏勘及污染产生过程的分析（图 4-3），归纳总结出可能产生污染的 6 个主要途径。

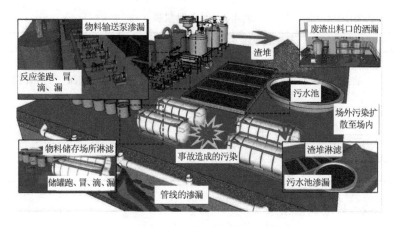

图 4-3　污染产生过程

（1）储罐、反应釜、污水池等主要生产设施的跑、冒、滴、漏

污染产生：储罐、反应釜、污水池等主要设施可能在使用中因为部件老化、操作错误等原因造成原料、废渣、污水、产品等的跑、冒、滴、漏，因此主要生产设施位置是布点采样的重点区域。

特征污染区域：场地南侧的 EO 罐区、PO 罐区和聚醚装置区，场地北侧的成品储罐区、成品储存区、成品库和污水处理站等。

（2）废渣存放区、产品储罐区等物料储存场所淋滤

污染产生：调查中发现，该厂产品是全部装入 200 L 铁桶后统一放置在产品储罐区的。该场地还设置了废渣存放区。以上区域全部采用水泥硬化地面，但硬化地面边缘处有破损。在产品或废渣灌装时可能有少量物质溢出，黏附在包装桶表面，在露天放置时经雨水冲刷进入储罐区硬化地面破损处造成下方土壤污染。

特征污染区域：场地北侧的成品储罐区、成品储存区和污水罐区等。

（3）废渣出料口的洒漏

聚醚生产区各主要装置上都设有废渣出料口，用于生产后的废渣统一回收。在废渣回收过程中，有可能洒漏到地表，经过雨水冲刷等途径进入附近土壤造成污染。因此，废渣出料口位置也将作为采样布点的重点区域。

特征污染区域：化工装置、乙醚装置、聚醚装置区周边。

（4）管线的渗漏

该公司的原料储罐、设备、污水池和污水处理设备之间都由管道连通。在物料输送过程中，管道连接处、管道破损处等可能会发生跑、冒、滴、漏的现象，造成周边土壤污染。

特征污染区域：场地南侧聚醚生产区、西北侧乙二醇乙醚生产区。

（5）物料输送泵渗漏

原料通过物料输送泵送入反应装置，物料输送泵的连接处是原料渗漏的重点关注区域。

特征污染区域：化工装置、乙醚装置、聚醚装置区及周边。

（6）废物无组织排放造成的污染

该公司的生产时间较长，早期生产时没有专门的环保措施，生产产生的废物未能集中收集，均无组织排放到了场地北侧水塘内，造成北部土壤及地下水污染。

特征污染区域：场地西北角及北侧边界附近。

此外，还有一些其他污染来源。

一是本场地除了有凡士林、聚醚多元醇、聚合物多元醇及乙二醇乙醚这 4 种主要生产过程，还有制桶及维修等生产过程。这些生产过程存在小规模的喷漆、焊接等生产工艺，可能造成土壤或地下水污染。本次调查工作全面考虑以上污染产生的过程，在涉及生产的区域布设采样监测点。

特征污染区域：暂未造成明显污染。

二是项目场地周边工业企业较多，且多为生产历史较长的化工企业，周边企业在生产中使用、储存、产生和排放的化学物质类型较多且用量较大，若管理不善，可能造成土壤、空气、地下水污染。产生的污染可能随空气、地下水流动扩散至周边，引起邻近区域土壤、地下水的污染。

特征污染区域：场地北侧边界附近。

以上污染来源主要基于对场地污染识别获取的信息进行分析得到，通过土壤、地下水采样调查对污染来源及对应分布范围进行了确认，揭示了场地的污染来源。

2. 水文地质条件对污染物迁移的影响

污染物在土壤、地下水中的迁移，除污染物自身的理化性质外，还受到场地水文地质条件的影响。一般情况下，人工填土层杂物多，较为松散，渗透系数较高，污染物极有可能纵向穿透；若污染扩散至新近沉积层（含水层顶板），由于该层为粉质黏土，渗透系数较小，且有一定的厚度，污染穿透该层的可能性不高；若污染向下扩散至含水层，因为该层渗透系数较大，所以污染很有可能随地下水流向造成较大范围的水平扩散和垂向扩散；含水层底板的相对不透水层，一般渗透系数较小，对污染具有明显阻隔作用，污染一般不会穿过该层。

一是项目场地地表的原有硬化在一定程度上阻挡了污染物下渗，但检测结果显示表层（人工填土层）也存在污染。在场地厂房拆除过程中表层土壤经过了翻整，1 m 深度土壤有明显扰动，可能造成表层土壤分布规律的改变。

二是含水层顶板以粉质黏土为主，包括粉质黏土②层和含姜石的粉质黏土②₁层。该层在项目场地连续分布，累计厚度为 0.30～2.50 m，厚度较薄。检测结果显示，该层未能阻隔污染向下迁。

三是含水层为以粉土为主的第三大层，粉砂、细砂与黏性土呈千层状互层分布，累计厚度为 2.80～10.5 m。该层为调查场地地下水主要赋存层位。检测结果显示，污染达到了该层，且因为受地下水流动影响，该层的污染范围最大。

四是埋深 14 m 以下为以粉质黏土为主的第四大层，包括粉质黏土④层、黏土④₁层、粉土④₂层。项目场地污染最大深度达到该层上部，由于该层以粉质黏土为主，因此对污染具有明显的阻隔作用。

3．场地污染概念模型构建

项目基于已获得的场地信息及相关分析，从场地概念模型角度，分析该场地污染的产生、扩散以及对未来受体人群的影响过程。表 4-9 从污染产生、污染迁移、受体暴露的整个过程构建了场地污染概念模型。

表 4-9　场地污染概念模型

潜在污染源	潜在污染区域	污染介质	污染物类型	传输途径	暴露途径	介质	受体
生产设施的跑、冒、滴、漏	场地南侧的 EO 罐区、PO 罐区、聚醚装置区，场地北侧的成品储罐区、成品储存区、成品库、污水处理站等	表层土壤	苯系物、石油烃、1,2,3-三氯丙烷、PAHs 等	污染土壤直接接触	经口摄入、皮肤接触、吸入颗粒物	土壤	成人、儿童
		下层土壤、地下水		非饱和区的蒸汽传输	呼吸吸入蒸汽	空气	

潜在污染源	潜在污染区域	污染介质	污染物类型	传输途径	暴露途径	介质	受体
物料储存场所淋滤	原料储罐、污水池、仓库、管线接口处及周边	表层土壤	苯系物、石油烃、1,2,3-三氯丙烷、PAHs 等	污染土壤直接接触	经口摄入、皮肤接触、吸入颗粒物	土壤	成人、儿童
		下层土壤、地下水		非饱和区的蒸汽传输	呼吸吸入蒸汽	空气	
废渣出料口的洒落	化工装置、乙醚装置、聚醚装置区周边	表层土壤	苯系物、石油烃、1,2,3-三氯丙烷、PAHs 等	污染土壤直接接触	经口摄入、皮肤接触、吸入颗粒物	土壤	成人、儿童
		下层土壤、地下水		非饱和区的蒸汽传输	呼吸吸入蒸汽	空气	
管线的渗漏	场地南侧聚醚生产区、西北侧乙二醇乙醚生产区	表层土壤	苯系物、PAHs、1,2,3-三氯丙烷等	污染土壤直接接触	经口摄入、皮肤接触、吸入颗粒物	土壤	成人、儿童
		下层土壤、地下水		非饱和区的蒸汽传输	呼吸吸入蒸汽	空气	
物料输送泵渗漏	化工装置、乙醚装置、聚醚装置区及周边	表层土壤	苯系物、石油烃、1,2,3-三氯丙烷、PAHs 等	污染土壤直接接触	经口摄入、皮肤接触、吸入颗粒物	土壤	成人、儿童
		下层土壤、地下水		非饱和区的蒸汽传输	呼吸吸入蒸汽	空气	
废物无组织排放造成的污染	场地西北角及北侧边界附近	表层土壤	石油烃、苯系物	污染土壤直接接触	经口摄入、皮肤接触、吸入颗粒物	土壤	成人、儿童
		下层土壤、地下水		非饱和区的蒸汽传输	呼吸吸入蒸汽	空气	

潜在污染源	潜在污染区域	污染介质	污染物类型	传输途径	暴露途径	介质	受体
场地周边企业的污染扩散至场内	场地北侧边界附近	地下水	重金属、VOCs、SVOCs、石油烃等	非饱和区的蒸汽传输	吸入颗粒物、呼吸吸入蒸汽	空气	成人、儿童
清理作业	整个地块	表层土壤	重金属、石油烃、VOCs、SVOCs 等	污染土壤直接接触	经口摄入、皮肤接触、吸入颗粒物	土壤	成人、儿童
		下层土壤、地下水		非饱和区的蒸汽传输	呼吸吸入蒸汽	空气	

4.2.5 前期调查结果

项目地块在前期曾开展了场地调查与风险评估工作，调查报告已通过专家评审。调查结果显示，该场地土壤、地下水存在污染，环境风险不可接受，超标污染物为苯、1,2,3-三氯丙烷、石油烃（TPH＜C_{16}）和 PAHs 等。

1. 前期调查采样情况

为全面反映当前掌握的污染信息，将本项目前期调查结果与修复方补充调查结果进行汇总，分层确定污染范围，为本次补充核实调查方案的设计提供借鉴。

经汇总，已完成的调查工作共布设土壤采样点 217 个，最大调查深度至第二含水层底板（约 15 m）。地下水采样点 117 个，主要采集了第二稳定含水层地下水样品。已完成调查的土壤污染点位汇总见图 4-4，地下水超标点位汇总见图 4-5。

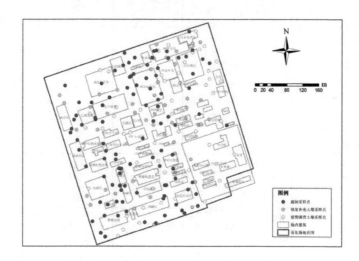

图 4-4   前期已完成调查的土壤污染点位汇总

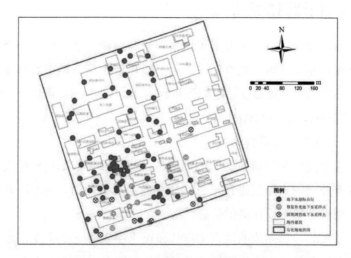

图 4-5   前期调查的地下水超标点位汇总

2．前期调查风险筛选结果

（1）土壤人体健康风险计算结果

石油烃：高于可接受风险水平，故需对土壤进行修复治理。

VOCs 和 SVOCs：敏感用地类型下，苯、1,2,3-三氯丙烷、苯并（a）蒽、苯并（a）芘、苯并（b）荧蒽、二苯并（a,h）蒽、茚并（1,2,3-cd）芘、萘和石油烃的致癌风险大于 10^{-6}，风险不可接受，其余污染物的致癌风险可接受；芴、蒽、荧蒽、芘、1,2-二氯乙烷、1,4-二氯苯和氯仿的非致癌危害商小于 1，非致癌风险可接受。

（2）地下水人体健康风险计算结果

苯、乙苯、氯仿、1,2-二氯丙烷、萘和 1,3-二氯丙烷的致癌风险大于 10^{-6}，苯、1,2-二氯丙烷、1,2,3-三氯丙烷、萘及石油烃（TPH<C_{16}）的非致癌危害商大于 1，以上污染物的风险不可接受，其余污染物的风险可接受。

（3）风险控制值计算

风险控制值是在可接受致癌风险为 10^{-6} 及危害商为 1 的基础上，提出的场地土壤、地下水风险控制值。污染物含量低于风险控制值的场地基本能满足土地使用要求，不会对场地范围内的人体健康和动植物造成危害。

3．前期调查结果分析

已完成调查包括前期场地调查及修复方补充调查，修复范围暂时按照场地调查及风险评估结果确定。

一是项目场地污染类型为有机污染；

二是污染物主要分布在场地生产区和储罐区，修复范围内的土壤及地下水均需要进行修复；

三是土壤污染物主要为苯并（a）蒽、苯并（b）荧蒽、苯并（a）

芘、茚并（1,2,3-*cd*）芘、二苯并（*a,h*）蒽、苯、1,2,4-三甲基苯、1,2-二氯丙烷、反-1,3-二氯丙烯、1,2,3-三氯丙烷及石油烃（TPH＜C_{16}），待土方量约为 49.29 万 m^3，最大污染深度为 14 m；

四是地下水中苯、乙苯、氯仿、1,2-二氯丙烷、萘、1,3-二氯丙烷、1,2,3-三氯丙烷及石油烃（TPH＜C_{16}）的人体健康风险超过可接受风险水平，地下水修复面积约为 94 330.96 m^2，覆盖全部生产区及储罐区，含水层厚度约为 6.65 m。

4.3 地块水文地质勘察情况

4.3.1 水文地质概况

1. 勘察目的

查清可能受污染地块内的水文地质条件，以为污染物在地下水中的富集、迁移、转化和环境取样监测及污染分析评价提供水文地质依据。

2. 勘察手段

主要采取钻探、室内土工试验分析、现场量测等综合勘察手段。

3. 勘察工作量

完成了 41 个土壤采样孔的钻探工作，钻孔深度为 7.00～21.50 m；利用土壤采样孔设置了 41 个地下水监测井（包括 1 个组合井），并进行了洗井工作；本次现场勘探总进尺为 333.7 m。采集了 87 份用于分析土壤物理性质常规指标和渗透性的原状土样。2016 年 4 月 19 日和 4 月 20 日分批测量了本次勘察新建的 35 个监测井水位，4 月 26 日进行了水位统一测量工作。2016 年 7 月 11 日测量了第二阶段勘察设置的 6 个监测井水位。选用本次勘察新建的 13 个监测井，完成了 41 井次的提水试验。测量了本次勘察设置的 41 个地下水监测井的地面高程、井口高程及调查场地西北侧垃圾堆放区低洼处的水面高程，并在调查场地大门处保留了一个高程控制点。地质勘察现场工作照片见图 4-6。

图 4-6　地质勘察现场

4.3.2　土层分布条件

根据本次勘察所揭示的土层情况（图 4-7），按地层成因类型和沉积年代，将调查场地最大勘探深度（21.50 m）范围内的土层划分为人工堆积层和第四纪松散沉积层，并按土层岩性进一步划分为 6 个大层及其亚层。

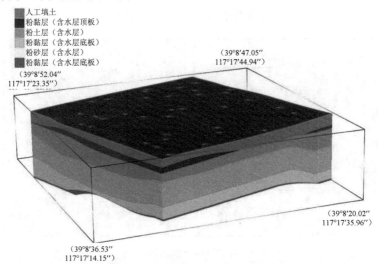

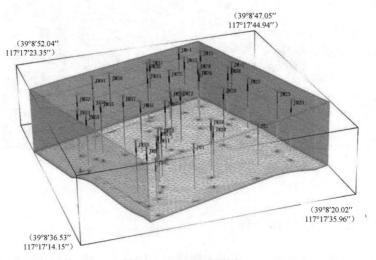

图 4-7　地层分布情况

（1）人工堆积层

分布于地表，主要为房渣土①层、粉土填土$①_1$层、粉质黏土填土$①_2$层、碎石填土$①_3$层、粉砂填土$①_4$层。该大层在调查场地普遍分布，厚度在 1.20～3.50 m。

（2）第四纪松散沉积层

分布于人工堆积层之下，其顶板标高为-1.10～1.36 m，主要为粉土、粉质黏土及砂类土层，具体分布及岩性特征如下：

标高-1.10～1.36 m（相应埋深为 1.30～3.50 m）以下为以粉质黏土为主的第二大层，包括粉质黏土②层、含姜石的粉质黏土$②_1$层。该大层在调查场地连续分布，累计厚度为 0.30～2.50 m；

标高-1.74～-0.45 m（相应埋深为 2.80～4.10 m）以下为以粉土为主的第三大层，包括粉土③层、粉砂$③_1$层、细砂$③_2$层，其中粉砂、细砂与黏性土呈千层状互层分布，该大层在调查场地连续分布，累计厚度为 2.80～10.5 m，为调查场地地下水主要赋存层位。

标高-11.28～-4.04 m（相应埋深为 6.50～14.00 m）以下为以粉质黏土为主的第四大层，包括粉质黏土④层、黏土$④_1$层、粉土$④_2$层；

标高-15.23～-13.14 m（相应埋深为 15.80～17.80 m）以下为以粉土为主的第五大层，包括粉土⑤层、细粉砂$⑤_1$层、含粗颗粒、姜石的粉质黏土$⑤_2$层，该大层为调查场地地下水主要赋存层位；

标高-17.93～-15.78 m（相应埋深为 18.40～20.50 m）以下为以粉质黏土为主的第六大层，包括粉质黏土⑥层、粉土$⑥_1$层。

4.3.3　地下水分布条件

1. 区域地下水分布条件

该区域地下水按赋存介质分为松散岩类孔隙水和以岩溶水为

主的基岩裂隙水两大类型，松散岩类孔隙水以第四系含水组为主。

第四系孔隙水分布广，厚度大，在水平和垂向上岩相变化复杂。依据埋藏条件、水质等水文地质特征，天津市第四系孔隙水可以划分为 4 个含水组：第一含水组相当于全新统和上更新统（Ⅰ，Q_{4+3}），底板深度一般在 70 m 以上，分布有上部潜水、第一、第二和第三层微承压水；第二含水组相当于中更新统（Ⅱ，Q_2），底板深度在 180～220 m，分布有第四层承压水；第三含水组大致相当于下更新统上段（Ⅲ，Q_{1+2}），底板深度在 290～310 m；第四含水组相当于下更新统下段，在隆起区包括部分上第三系含水层（Ⅳ，Q_1+N_2），底板深度在 370～430 m。第一含水层组属于浅层地下水系统，第二～第四含水组属深层地下水系统。由图 4-8 可知，项目所在区域地下水流向为自西北向东南。

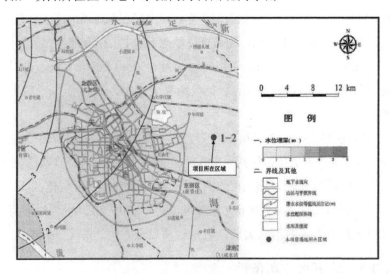

图 4-8　项目所在区域地下水分布

2. 场地地下水分布情况

根据本次现场勘探揭露的地下水情况及地下水监测结果可知，调查场地地表下 21.50 m（最大勘探深度）范围内分布了三层地下水。

第一层地下水（上层滞水）在调查场地内分布不连续。地下水类型为滞水，赋存于埋深约 3.7 m 以内的房渣土①层、粉土填土①$_1$ 层、粉质黏土填土①$_2$ 层、碎石填土①$_3$ 层、粉砂填土①$_4$ 层、含姜石的粉质黏土②$_1$ 层及粉土②$_2$ 层中。

第二层地下水（第一稳定含水层）在调查场地内分布连续，地下水类型为承压水，主要赋存于标高-1.74～-0.45 m 以下、标高-7.61～-4.04 m 以上的粉土③层、粉砂③$_1$ 层和细砂③$_2$ 层中。

本次地下水水位监测期间（2015 年 4 月 19—26 日）于监测井中量测的该层地下水静止水位埋深为 0.67～1.32 m，静止水位标高为 1.28～1.88 m。

第三层地下水（第二稳定含水层）在调查场地内分布连续，地下水类型为承压水，主要赋存于标高-15.23～-13.14 m 以下、标高-17.93～-15.78 m 以上的粉土⑤层、粉细砂⑤$_1$ 层、含粗颗粒和含姜石的粉质黏土⑤$_2$ 层中。2016 年 7 月 11 日于监测井中量测的该层地下水静止水位埋深为 2.44～3.31 m，静止水位标高为 -0.85～0.13 m。

调查场地承压水流向受到地形控制，从西北和东南两个方向向场地中间汇流后，由西南向东北方向流动。第二稳定含水层地下水流向为自西北向东南。

4.3.4　水文地质勘察结论

本次共完成了 41 个土壤采样孔的钻探工作，采集了 210 份土壤化学性质检测样品和 87 份土壤物理性质检测样品；利用土壤采样孔新建了 41 个地下水监测井（包括 1 个组合井），量测了 76 井次的地下水位，完成了 13 个监测井 41 井次的提水试验。

调查场地最大勘探深度（21.50 m）范围内的土层按成因类型和沉积年代可划分为人工堆积层和第四纪松散沉积层，按土层岩性可进一步划分为 6 个大层，分别是填土层第一大层、以粉质黏土为主的第二大层、以粉土为主的第三大层、以粉质黏土为主的第四大层、以粉土为主的第五大层及以粉质黏土为主的第六大层。其中以粉土为主的第三大层、第五大层为调查场地地下水主要赋存层位。

本次勘察期间（2016 年 4 月 19 日—7 月 11 日）调查场地最大勘探深度（21.50 m）范围内揭露到 3 层地下水。调查场地第一稳定含水层地下水流向受到地形控制，分别由从西北和东南两个方向向场地中间汇流，再由西南向东北方向流动。该层地下水平均水力梯度范围为 0.2‰～2.8‰。调查场地第二稳定含水层地下水总体流向为自西北向东南，平均水力梯度约为 1.5‰。

4.4 补充采样及分析

4.4.1 采样方案

1. 土壤调查方案

前期调查及修复方补充调查已基本摸清了场地污染分布情况及主要污染物类型，本项目将基于以上成果，选取前期调查和修复方补充调查中揭露的重点污染区域采样点、决定污染范围的清洁点、污染源所在位置点进行重新定位及采样。同时，在部分污染情况不明确和由于前期条件限制未能取样的区域补充采样点，重新确定整个地块污染边界。

纵向上，以地层分布为主要依据，参考前期调查结果及现场测试结果确定采样位置。由于含水层较厚，考虑不同污染物的密度及其在地下水和土壤中的分布特点，在 6 m 左右含水层中部加测一个样品。

2．地下水调查主要思路

前期调查于 2016—2017 年开展，水中污染物可能已发生迁移和衰减，同时随着周边地块的建筑施工及抽水降水等操作，污染范围可能已发生变化。本项目调查的重点是核实现阶段的地下水污染范围。本调查针对已有的地下水井进行重新采样，在需要进一步确定的区域布设地下水井。

4.4.2　现场采样

1．采样点布设

（1）土壤采样点布设

为达到核实污染状况并精确描绘污染范围的目的，在布设采样点时须从两个方面进行考虑。

污染验证：汇总前期调查的污染点位分布及修复补充采样调查结果，得到较为准确的污染分布，在此基础上选择关键区域布设采样点，重新钻孔取样，新布设采样点与前期调查采样点位于同一位置，调查深度比该点位揭露的最大污染深度加深 1～2 m。重新采样的关键区域包括：污染源所在位置、高浓度污染区域、污染深度最大区域、决定污染边界的清洁点。

补充调查：前期调查时由于建筑物及管线遮挡，有的区域不具备采样条件，污染情况未得到验证。但随着场内建筑的拆迁，这些区域具备了采样条件，故在这些区域补充布设采样点，为精确划定污染范围提供数据支持。

本次调查共布设土壤采样点位 134 个，全部为场内采样点。土壤采样点布设情况见图 4-9。

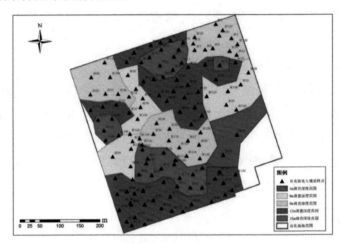

图 4-9　土壤采样点布设情况

（2）地下水采样点布设

项目场地开展过调查工作，场地内留有部分前期调查中建设的地下水监测井，本项目对这些监测井进行了整理，选择其中具备采样条件（监测井完好）的监测井进行重新定位、洗井及采样。同时，在监测井已经被破坏但需要进行污染核实的区域新建部分地下水监测井，进行地下水污染补充调查。项目场地原有监测井 82 口、新建监测井 12 口。地下水监测井分布情况如图 4-10 所示。

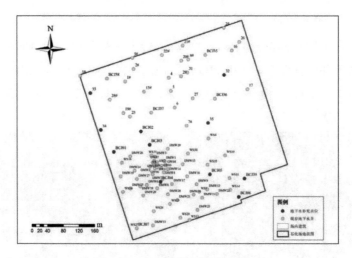

图 4-10　地下水监测井分布情况

2．采样方法

可参考本书 2.4.2 节，此处略。

3．现场采样质量控制

可参考本书 2.4.2 节，此处略。

4.4.3　样品检测

1．检测设备

为初步判断土壤样品污染程度、辅助确定污染最大深度，同时也为挑选样品送检提供相应数据支持，现场人员使用 X 射线荧光分析仪（XRF）快速检测设备对土壤样品重金属元素进行现场检测（本项目使用的 XRF 型号为伊诺斯/DS4050）；使用手持式 VOCs 检测仪（PID）对 VOCs 进行现场检测（本项目使用的 PID 型号为 ppbRAE3000）。

2．检测方法

在土壤相同位置取样，并将样品装入密封袋中，检测时将样品揉碎并充分混合，采用 PID 进行现场检测，以 ppm 为浓度计量单位（图 4-11）。根据现场检测结果，依据采样原则选择检测结果较大的送检。

图 4-11　现场检测操作照片

3．检测结果

PID 现场检测结果最大值为 6 652 ppm，均值为 119.91 ppm，数值偏大，与石油化工污染场地土壤中有机污染物含量偏高的背景相符。样品送检主要根据 PID 检测结果确定。

4.4.4　检测数据分析

1．土壤数据分析

补充核实采样调查共布设 134 个土壤采样点，经过现场判断后共送检土壤样品 746 个。为全面了解场地土壤污染状况，对项目土壤样品进行了 VOCs、SVOCs 全扫，包括熏蒸剂、卤代脂肪烃、卤代芳烃、苯酚类、酞酸酯类、亚硝胺类、硝基芳烃及环酮类、卤代醚类、苯胺类和联苯胺类、多氯联苯类等。

（1）土壤 VOCs 检测结果

由土壤 VOCs 检测结果可知，苯、甲苯、乙苯、间/对-二甲苯、苯乙烯、邻-二甲苯、1,3,5-三甲基苯、1,2,4-三甲基苯、1,2-二氯丙烷、1,2-二氯乙烷、1,2,3-三氯丙烷、1,4-二氯苯、萘、氯苯、氯仿、1,1-二氯乙烷、1,3-二氯丙烷和四氯乙烯在土壤中有检出，且检测结果超过了对应筛选值。

（2）土壤 SVOCs 检测结果

土壤 SVOCs 检测结果显示，苯酚、2-甲基萘、芴、菲、蒽、荧蒽、芘、苯并（a）蒽、苯并（b）荧蒽、苯并（k）荧蒽、苯并（a）芘、茚并（1,2,3-cd）芘、二苯并（a,h）蒽、苯并（g,h,i）苝、邻苯二甲酸二（2-乙基己基）酯和二（2-氯乙基）醚在土壤中均有检出，且检测结果超过了对应筛选值。

（3）土壤石油烃检测结果

由检测结果可知，大部分土壤样品中有石油烃指标检出，与《土壤环境质量　建设用地土壤污染风险管控标准（试行）》的第一类用地标准对比，有 146 个样品石油烃含量超过对应筛选值，检出结果见表 4-10。

表 4-10　土壤石油烃检出结果　　　　单位：mg/kg

污染指标	$C_{10} \sim C_{40}$
检出个数	416
检出率	55.8%
超标个数	146
超标率	19.6%
筛选值	826

2．地下水数据分析

地下水测试指标与土壤样品一致。检测发现的超标污染物包括 VOCs、SVOCs 及石油烃。

（1）地下水 VOCs 检测结果

由地下水 VOCs 检测结果可知，苯、甲苯、乙苯、间/对-二甲苯、苯乙烯、邻-二甲苯、1,3,5-三甲基苯、1,2,4-三甲基苯、1,2-二氯丙烷、二氯甲烷、1,2-二氯乙烷、1,2,3-三氯丙烷、1,2-二氯丙烷、1,1,2-三氯乙烷、氯苯、2-氯甲苯、4-氯甲苯、1,4-二氯苯、氯仿和萘在地下水中均有检出，且检测结果超过了对应地下水标准。

（2）地下水 SVOCs 检测结果

地下水 SVOCs 检测结果显示，苯酚、2-甲基萘、苯并（a）蒽、苯并（a）芘、邻苯二甲酸二丁酯和二（2-氯乙基）醚在地下水中均有检出，且检测结果超过了对应地下水标准。苊烯、苊、芴、菲、蒽、荧蒽和芘等污染物也有少量检出，但含量偏低。

（3）地下水石油烃检出结果

多个地下水样品有石油烃检出。我国还未出台地下水中石油烃的相关标准。考虑项目场地地下水使用情况，最终选择美国加利福尼亚州环境筛选值中的非饮用地下水标准作为石油烃超标评判标准。

3．平行样检测结果

本项目共设置了 79 组土壤平行样和 4 组地下水平行样。测试指标与对应样品相同，为 VOCs、SVOCs 和石油烃。对比平行样与对应样品检测结果可知，相对偏差在可接受范围之内，检测结果真实可信。

4.4.5 采样调查结果分析

1. 土壤采样调查结果分析

（1）污染源解析

土壤 VOCs 检测结果显示，苯、甲苯、乙苯、间/对-二甲苯、苯乙烯、邻-二甲苯、1,3,5-三甲基苯、1,2,4-三甲基苯、1,2-二氯丙烷、1,2-二氯乙烷、1,2,3-三氯丙烷、1,4-二氯苯、萘、氯苯、氯仿、1,1-二氯乙烷、1,3-二氯丙烷和四氯乙烯在土壤中均有检出，且检测结果超过了对应筛选值。土壤 SVOCs 检测结果显示，苯酚、2-甲基萘、芴、菲、蒽、荧蒽、芘、苯并（a）蒽、苯并（b）荧蒽、苯并（k）荧蒽、苯并（a）芘、茚并（1,2,3-cd）芘、二苯并（a,h）蒽、苯并（g,h,i）芘、邻苯二甲酸二（2-乙基己基）酯和二（2-氯乙基）醚均有检出，且检测结果超过了对应筛选值。

根据不同污染物在不同深度土壤中的分布情况，对污染物的产生、扩散及分布情况进行分析。

①1,2,3-三氯丙烷

分布情况：主要分布在场地南侧聚醚生产区，所在位置集中于聚醚装置区、中间罐区及输送管道区域。1,2,3-三氯丙烷是场地南部的主要污染物，最大污染深度至 14 m。污染范围最大的是 0～1.5 m 的表层土壤，从地表至 14 m 深度，污染范围逐渐减少，但从上到下污染范围变化不明显。

来源解析：由 1,2,3-三氯丙烷的分布位置可知，该污染物来源于聚醚多元醇的生产。所在位置与聚醚生产区对应性较好，同时地表污染范围最大，污染进入土壤后下渗造成了现在的分布规律。

由第一阶段场地调查结果可知，自 20 世纪 80 年代末，该公司开始生产聚醚多元醇，推断原厂可能合成过原料甘油，反应式如下。

$$C_3H_5Cl_3 + 3NaOH \longrightarrow C_3H_5(OH)_3 + 3NaCl$$

由污染物分布范围可知，超标点位集中在场内西北部的生产区，该区域现在主要为聚醚多元醇、聚合物多元醇生产区，这两种产品生产中不直接使用 1,2,3-三氯丙烷，但甘油是生产聚醚多元醇的起始剂，极有可能在此区域内合成后直接用于生产。

北侧点位超标现象与前期场地调查情况相符，该处分布有一个污水池，经推断，在使用 1,2,3-三氯丙烷进行生产时，可能在该池中及附近存放过生产废水或废渣，造成其土壤中 1,2,3-三氯丙烷超标。

②石油烃（$C_{10}\sim C_{40}$）

分布情况：石油烃在场内的分布范围较大，场地南部和北部生产区均有分布。但在南部石油烃集中分布于 $0\sim1.5$ m 的填土层，填土层以下分布较少，仅 EO 罐区周边有少量分布；石油烃在北部土壤中广泛分布，尤其是靠近场地北侧边界处，石油烃超标明显。石油烃在北部土壤 $0\sim14$ m 均有分布，污染范围随深度变化明显缩小，污染范围最大的是 $0\sim1.5$ m 的表层土壤。

来源解析：石油烃分布的范围集中在场地生产区，推断是由于生产活动引入的污染。对比前期调查的石油烃分布规律，在 $0\sim1.5$ m 深度，石油烃超标位置集中在场地北侧，本次调查中石油烃在南侧、北侧均有分布，推断是场地拆迁活动引起的污染扩散。

1.5 m 以下的土壤中，本次调查揭示的石油烃分布情况与前期调查类似，污染区集中在场地北侧，随着深度变化范围逐渐减小。原因是污染在地表形成后，随土壤孔隙及地下水向下扩散，石油烃较水轻，故一般浮于水层之上，因此污染集中于含水层顶板，形成了现在的污染范围。

污染形成原因有三点：一是石油烃超标位置为加油站位置；二是污染物从填土层到第一稳定含水层均有分布，这是污染在地表产生后扩散形成的分布特征；三是该区域曾经从事过小规模炼油，可能产生相关污染。

③苯

分布情况：苯是项目场地的主要污染物之一，分布范围较广，整个场地生产区均有分布。污染样品分布在 0～14 m 深度土层内，粉砂层上部 1.5～6 m 超标点位最多，6 m 以下随着深度变化污染范围逐渐减小。

来源解析：苯在场地土壤中的分布位置与前期调查基本相符，但超标点位较前期有明显增加。推断苯为原企业生产引入的污染。原因有二：一是污染物从填土层到第一稳定含水层底板均有分布，这是污染在地表产生后下渗形成的分布特征；二是苯的分布与生产苯使用的精馏塔的位置有较好对应性。苯在土壤及地下水中的扩散性较强，容易随着地下水向土壤深层和地下水下游方向扩散，使得当前的污染范围较前期调查有明显变化。

④ PAHs

分布情况：项目场地内普遍超标的 PAHs 指标包括苯并（a）蒽、苯并（a）芘、苯并（b）荧蒽、二苯并（a,h）蒽、萘和茚并（1,2,3-cd）芘等，各指标的超标区域分布规律较为一致。0～1.5 m 填土层中，整个场地内都有 PAHs 分布，1.5 m 以下的土壤中，PAHs 超标点位主要集中在场地北侧，超标范围随着深度的加深而逐渐减小。14 m 深度处的 PAHs 超标点位仅有 BC11、BC13 点位所在区域。

来源解析：由 PAHs 超标点位分布图可知，PAHs 在土壤中的分布规律与石油烃基本一致，由此推断，土壤中的 PAHs 与石油烃来源具有相关性。潜在污染源包括北侧的加油站泄漏和北部的小规模炼油活动等。进入土壤的 PAHs 容易发生迁移，使得污染范围较前期调查有明显增加。

⑤乙苯

分布情况：项目场地土壤中乙苯超标点位较多，0～4 m 土层中，整个场地均有乙苯分布，4～14 m 土层中，仅场地北侧有乙苯超标点位出现。1.5～4 m 为超标点位最多的土层，随着深度变化，污染范围逐渐减少。

来源解析：乙苯的分布规律与石油烃类似，乙苯常存在于煤焦油和某些柴油中，推断该场地的乙苯来源于场地炼油等生产活动。在前期调查中，也存在乙苯超标的现象，超标样品集中于填土层及含水层顶板，污染范围远小于本次调查结果。

⑥其他污染物

分布情况：除以上主要超标污染物外，还有少量其他污染物超标，包括甲苯、间/对-二甲苯、苯乙烯、邻-二甲苯、1,3,5-三甲基苯、1,2,4-三甲基苯、1,2-二氯丙烷、1,2-二氯乙烷、1,4-二氯苯、氯苯、氯仿、1,1-二氯乙烷、1,3-二氯丙烷、四氯乙烯、邻苯二甲酸二（2-乙基己基）酯和二（2-氯乙基）醚等。这些污染物仅有少量点位超标，超标点位集中于场地表层土壤中。

来源解析：经判断，场地周边化工企业较多，原厂及周边企业的生产历史均较长，使用的化学品成分复杂。同时，污染物进入土壤、地下水环境后，也可能发生反应，产生新的污染物，造成少量点位其他污染物超标。

（2）土壤高浓度污染区分析

调查中发现，项目场地部分点位石油烃和 PAHs 超标倍数较大，在土壤中形成了高浓度污染区域。为准确定位污染源位置，同时为后期修复工作提供借鉴，本项目将样品中 PAHs 及石油烃含量高于筛选值 10 倍的点位所在区域进行圈定。

①石油烃高浓度区域分布情况

石油烃含量超过筛选值 10 倍的点位主要分布在场地北侧，分布范围最大的为填土层及含水层顶板的粉黏层（0～6 m 土层），含水层顶板对石油烃向下扩散具有明显的阻隔作用。

由石油烃高浓度区域的分布范围进一步判定，石油烃污染主要来源于场内北部老厂区曾经从事的炼油等生产活动，石油烃污染源分布在场地北侧，在修复时应针对其分布情况采取专门措施，控制污染进一步扩散。

② PAHs 高浓度区域分布情况

项目场地土壤中超标的 PAHs 包含苯并（a）蒽、苯并（a）芘、苯并（b）荧蒽、二苯并（a,h）蒽、萘和茚并（1,2,3-cd）芘等。经过数据分析及对比发现，苯并（a）芘的超标倍数及分布范围是 PAHs 中最大的，苯并（a）芘的高浓度分布区域可以包含其他 PAHs 指标高浓度分布区域，基于 PAHs 类指标在性质及修复手段上的相似性，本项目划定了苯并（a）芘高浓度分布区域用于研究 PAHs 污染集中分布情况。

由 PAHs 高浓度区域分布情况可知，PAHs 高浓度点位主要分布于场地北侧，分布范围最大的为填土层及含水层顶板的粉黏层（0～6 m 土层），分布位置及范围均与石油烃类似，可以判定与石油烃为同一污染来源。

2．地下水采样调查结果分析

（1）地下水污染分布特征

地下水 VOCs 检测结果显示，苯、甲苯、乙苯、间/对-二甲苯、苯乙烯、邻-二甲苯、1,3,5-三甲基苯、1,2,4-三甲基苯、1,2-二氯丙烷、二氯甲烷、1,2-二氯乙烷、1,2,3-三氯丙烷、1,2-二氯丙烷、1,1,2-三氯乙烷、氯苯、2-氯甲苯、4-氯甲苯、1,4-二氯苯、氯仿和萘在地下水中均有检出，且检测结果超过了对应地下水标准；地下水SVOCs检测结果显示，苯酚、2-甲基萘、苯并（a）蒽、苯并（a）芘、邻苯二甲酸二丁酯、二（2-氯乙基）醚和石油烃（$C_{10}\sim C_{40}$）在地下水中均有检出，且检测结果超过了对应标准。

场地生产区内的地下水监测井均出现了超标现象，但东南角办公区的地下水未超标，场地西南角聚醚罐区的地下水也未超标。超标点位所在区域约占场地面积的3/4，范围较大；由于地下水的连通性，因此各超标点位均是多种污染物混合超标，其中最主要的污染物为石油烃、苯和1,2,3-三氯丙烷。各污染物在地下水中的分布情况如下：

- 石油烃主要集中于北侧地下水中，西南部聚醚生产区也有少量分布；
- 1,2,3-三氯丙烷超标点位主要集中于南侧聚醚生产区，在北部污水池周边有2个点位超标；
- 苯在整个场地地下水中均有分布，整个生产范围内也均有地下水超标的现象；
- 北部有少量点位地下水中苯酚超标，超标范围在成品储存库周边；
- 地下水中的苯乙烯超标主要集中在场地北侧；
- 部分点位的地下水样品中二-（2氯乙基）醚超标，超标点位位于场地西北角，乙醚装置成品库周边；
- 共有5个点位地下水中二甲苯超标，集中在成品库周边；
- 地下水中二甲基萘超标点位也集中在场地北侧；

- 地下水中甲苯超标点位分布情况与二甲苯类似，集中在成品库周边；
- 地下水中萘和乙苯的分布情况一致，即在整个生产区域内均有少量分布。

（2）地下水中非水相液体（NAPLs）分布情况

由地下水检测结果可知，地下水中部分点位苯和 1,2,3-三氯丙烷的含量较高，有形成 NAPLs 的可能性。根据《污染场地风险评估技术导则》（HJ 25.3—2014）表 B.2 给出的溶解度数据，苯的溶解度为 1 790 mg/L，苯在地下水中的最大检出浓度为 110 mg/L，在地下水监测井位置可能暂未形成 NAPLs；1,2,3-三氯丙烷的溶解度为 1 750 mg/L，项目场地地下水中 1,2,3-三氯丙烷的最大值为 893 mg/L，部分点位存在形成 NAPLs 的可能性。

在现场采样过程中，部分土壤、地下水样品中可见油状物质，出现在 8～10.5 m 土层中。

为了验证重非水相液体（DNAPLs）的存在，项目使用苏丹红染色的方法（方法参考自 *Chlorinated Solvent Source Zone Remediation*，B.H. Kueper 等，2014）对疑似污染点位的土壤样品进行现场测试。试验使用的苏丹红染剂为苏丹Ⅳ1-2-甲基-4-［（2-甲基苯）偶氮］苯基偶氮-2-萘酚，苏丹红为亲脂性偶氮染料，这种斥水染色剂会溶于有机物流体，如卤代溶剂 DNAPLs，但却不会溶于水或者土壤表面，与 DNAPLs 接触后染色剂会呈现红色，适用于判断无色 DNAPLs、饱和度较低的 DNAPLs 以及与土壤颜色接近的 DNAPLs。本项目的潜在 DNAPLs 为 1,2,3-三氯丙烷，是一种无色易燃液体，微溶于水，适合使用苏丹Ⅳ进行染色判断。

在进行染色实验时，把待测试土壤装入玻璃小瓶中，土壤填充体积约为瓶子的 1/3。然后将水倒入瓶中至瓶的 2/3 体积，再加入少量苏丹Ⅳ。将瓶盖盖紧并用力摇动几秒。如果土壤中存在DNAPLs，就会观察到有一层红色液体薄膜或者水滴在玻璃瓶顶部 1/3 处。如果 DNAPLs 含量较高，还会在瓶子下部 1/3 处的土壤中观察到明显红色。

本项目利用肉眼判断现场样品的污染情况，选择了可能出现DNAPLs点位 8～10 m 深度的样品，共计 5 个样品及 1 个空白样。实验结果显示，有 1 个样品出现被染色的现象，表面形成红色液体薄膜，瓶子底部也能观察到红色，其余点位未出现被染色的现象。试验用苏丹红染色的方法印证了 DNAPLs 可能存在。

为了便于后期修复工作的开展，本项目选取 1,2,3-三氯丙烷含量大于溶解度 1%含量（＞17.5 mg/L）的点位，据此圈定了潜在DNAPLs 污染范围。潜在 DNAPLs 分布的深度范围为 8～10.5 m，具体污染范围还需要在修复过程中，进一步调查确认。

3．土壤与地下水中污染的对应关系

为了探讨土壤与地下水中污染的对应关系，明确地下水污染来源，本项目对本次调查获得的土壤、地下水污染信息进行了对比分析。

（1）污染指标

由对比结果可知，土壤和地下水中污染物类型基本一致，仅有少量超标指标不同。其中，VOCs 指标中不同的主要是卤代烃，卤代烃是一类重要的有机合成中间体，是许多有机合成的原料，它能发生许多化学反应。本项目场地中的卤代烃来自项目场地生产活动中产生的中间产品及废料，可能因反应条件不同而产生多种类型的卤代烃混合物，其进入土壤、地下水后由于迁移条件的不同，造成了分布位置和浓度的差异，体现在检测结果中，部分卤代烃指标在土壤和地下水中的超标情况略有差异。

超标 SVOCs，如茚并（1,2,3-*cd*）芘、二苯并（*a,h*）蒽和苯并（*g,h,i*）芘等，在地下水中也有检出，但含量低于对应地下水标准，因此污染集中显示在土壤中。土壤中超标的邻苯二甲酸二（2-乙基己基）酯和地下水中检出的邻苯二甲酸二丁酯在化学结构式上类似，可能是由于所在环境不同，因此产生了相应的变化，形成了不同的污染物类型。

（2）污染范围对应关系

土壤和地下水中污染物的分布位置基本一致，项目选择了场地内污染较为严重的几种污染物，对其在土壤和地下水中的分布位置进行了对比。对比结果显示，同一污染物在土壤和地下水中的分布位置有明显的相关性。

由于污染物本身性质的不同，土壤对该物质的吸附性及其在土壤和地下水中的迁移能力均有一定差异，造成了同一污染物在土壤和地下水中的分布位置差异。石油烃比水轻，一般位于含水层上部，分布规律与 1.5 m 处土壤最为类似；1,2,3-三氯丙烷属于卤代烃，密度较大，集中于含水层下部，因此与 8 m 左右处土壤的分布规律基本一致，由于其在地下水中的扩散性较强，因此分布范围较土壤中更大；苯在土壤和地下水中的分布范围均较大，主要分布在场地中部到西侧的生产区中。

由污染物在土壤和地下水中的分布情况可以初步判断，地下水中的污染物主要来源于原企业的生产活动，污染在地表产生后经过土壤下渗至地下水中，随地下水流动进一步发生扩散，形成现在的污染范围。

4.4.6　采样调查结论

由采样调查结果可知，项目场地土壤、地下水中均有污染物超过对应筛选值，按照《场地环境风险评估技术导则》要求，需要进行人体健康风险评估。

4.5 风险评估

4.5.1 危害识别

1. 土地未来利用方式

根据人群活动模式通常可将用地类型分为两种，即敏感用地类型和非敏感用地类型。根据《污染场地风险评估技术导则》的说明，敏感用地是以住宅用地为代表，非敏感用地是以工业、商业及服务用地为代表。

项目地块未来规划为居住用地，属于敏感用地，因此，本项目地块将按照敏感用地类型进行评估。

2. 关注污染物

根据第二阶段采样调查结果，确定土壤、地下水中的关注污染物。进行风险计算时，污染物含量使用最大值。

3. 敏感受体

根据场地未来用地规划，项目场地属于敏感用地，在该用地方式下，儿童和成人均可能会因为长时间暴露于场地污染中而产生健康危害，因此，评估时针对的暴露人群为未来居住生活在该场地范围内的成人与儿童。除此之外，污染物扩散还可能对下游地下水造成影响。

4.5.2 暴露评估

暴露评估是在危害识别的基础上，分析场地内关注污染物迁移和危害敏感受体的可能性，确定场地污染物的主要暴露途径和暴露评估模型，确定评估模型参数取值，计算敏感人群对土壤和地下水中污染物的暴露量。

项目地块未来将作为商住用地再次开发利用，用地类型属于敏感用地。

1．暴露情景分析

《污染场地风险评估技术导则》规定了 2 类典型用地方式下的暴露情景，即以住宅用地为代表的敏感用地（简称"敏感用地"）和以工业用地为代表的非敏感用地（简称"非敏感用地"）的暴露情景。

根据第一阶段场地调查的资料可知，项目地块未来将作为住宅用地再次开发利用，《污染场地风险评估技术导则》中定义的敏感用地方式包括《城市用地分类与规划建设用地标准》（GB 50137—2011）规定的城市建设用地中的居住用地、文化设施用地、中小学用地等，非敏感用地包括《城市用地分类与规划建设用地标准》规定的城市建设用地中的工业用地、物流仓储用地、商业服务业设施用地、公用设施用地等。因此，本项目场地按照敏感用地类型进行评估。

在敏感用地方式下，儿童和成人均可能会因为长时间暴露于场地污染中而产生健康危害。对于致癌效应，考虑人群的终生暴露危害，一般根据儿童期和成人期的暴露来评估污染物的终生致癌风险；对于非致癌效应，儿童体重较轻、暴露量较高，一般根据儿童期暴露来评估污染物的非致癌危害效应。

2．暴露途径确定

项目场地土壤和地下水中的污染物含量均存在超过筛选值的现象，因此需要分别对土壤和地下水中的人体健康风险进行计算。

根据场地实际情况及未来用地规划确定主要暴露途径见表4-11。

表4-11 场地特征污染物暴露途径

序号	介质	暴露途径
1	土壤	经口摄入土壤
2		皮肤接触土壤
3		吸入土壤颗粒物
4		吸入表层土壤室外蒸汽
5		吸入下层土壤室外蒸汽
6		吸入下层土壤室内蒸汽
7	地下水	地下水挥发物挥发至室外蒸汽
8		地下水挥发物挥发至室内蒸汽

（1）土壤暴露途径

项目场地暂未制定未来用地规划，现以最严格的住宅用地标准来进行评估。经过对周边居民区进行调查发现，住宅区内可能设有绿地及地下停车场。场地涉及的污染物主要以有机污染物为主，计算土壤人体健康风险时，需要考虑经口摄入土壤、皮肤接触土壤、吸入土壤颗粒物、吸入表层土壤室外蒸汽、吸入下层土壤室外蒸汽、吸入下层土壤室内蒸汽这6种暴露途径，全面评估土壤的人体健康风险。

（2）地下水暴露途径

由于项目场地距离各水源地较远，因此在对地下水进行风险评估时，不考虑饮用地下水的途径。

地下水中的污染物以有机物为主，挥发性较强，因此需要考虑吸入室外空气中来自地下水的气态污染物和吸入室内空气中来自地下水的气态污染物这2种暴露途径。土壤和地下水暴露途径见图4-12。

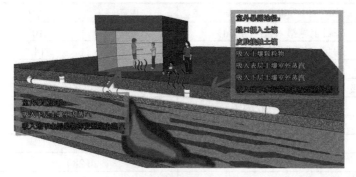

图 4-12　暴露途径示意图

3．暴露模型及参数

本项目在进行人体健康风险评估时，完全按照《污染场地风险评估技术导则》的推荐模型进行计算，计算中涉及的土壤、空气、地下水、建筑物等特征参数，优先选取实测值，其次选用《污染场地风险评估技术导则》的推荐值。

（1）受体暴露参数

项目场地的敏感受体主要为未来居住于此处的成人及儿童，计算人体健康风险时使用的受体暴露参数见表 4-12。

表 4-12　受体暴露参数

参数	儿童	成人
体重/kg	15.9	56.8
平均身高/cm	99.4	156.3
暴露期/年	6	24
暴露频率/（天/年）	350	350
室内暴露频率/（天/年）	262.5	262.5
室外暴露频率/（天/年）	87.5	87.5
暴露皮肤所占体表面积比	0.36	0.32
皮肤表面土黏附系数/（mg/cm²）	0.2	0.07

参数	儿童	成人
每日土壤摄入量/（mg/d）	200	100
每日空气呼吸量/（m³/d）	7.5	14.5
每日皮肤接触事件频率/（次/天）	1	
吸入土壤颗粒物在体内滞留比例	0.75	
经口摄入吸收因子	1	
单一污染物可接受致癌风险	10^{-6}	
可接受危害商	1	
致癌效应平均时间/天	26 280	
非致癌效应平均时间/天	2 190	

注：表中数据全部参考《污染场地风险评估技术导则》附录 G。

（2）土壤性质参数

污染物在土壤中的扩散受土壤性质的影响，不同地层土壤性质差别较大。在开展项目场地第二阶段调查的同时，采集土壤原状样品进行土工试验，得到土壤含水率、密度、饱和度、孔隙度及有机碳含量等物理性质，具体参数见表 4-13。

表 4-13　土壤物理性质参数

土层	天然含水率（w）/%	天然密度（ρ）/（g/cm³）	土粒比重（Gs）	饱和度（Sr）	孔隙度（θ）	有机碳含量/%
粉质黏土②	23	2	2.5	1	0.4	2.5
粉质黏土②₁	22	2	2.7	1	0.4	3
表层土壤	22.5	2	2.6	1	0.4	2.75
粉土③	24	2	2.5	1	0.5	1.5
粉质黏土③₃	27	2	2.7	1	0.5	3.5
粉质黏土④	26	2	2.5	1	0.5	3.5
黏土④₁	38.5	2	2.5	1	0.2	4.9
粉土⑤	19.9	2	2.7	1	0.4	2.3
粉质黏土⑥	24	2	2.5	1	0.5	3.5
下层土壤	25.6	2	2.6	1	0.4	3.1

在进行人体健康风险计算时，吸入室内空气中来自下层土壤的气态污染物、吸入室外空气中来自表层土壤的气态污染物等暴露途径涉及一系列土壤性质参数。项目计算时使用的土壤特征参数见表 4-14。

表 4-14　土壤特征参数

符号	特征参数	数值	来源
d	表层污染土壤层厚度/cm	250	实测
d_s	下层污染土壤层厚度/cm	750	实测
L_s	下层污染土壤上表面到地表距离/cm	250	实测
W	污染源区宽度/cm^2	4 500	HJ 25.3—2014
δ_{air}	混合区高度/cm	200	HJ 25.3—2014
SAF	暴露于土壤的参考计量分配系数	0.2	HJ 25.3—2014
f_{om}	土壤有机质含量/（g/kg）	31	实测[①]
ρ_b	土壤容重/（kg/dm^3）	1.5	HJ 25.3—2014
ρ_s	土壤颗粒密度/（kg/dm^3）	2	实测[①]
ρ_w	水的密度/（kg/dm^3）	1	HJ 25.3—2014
P_{WS}	土壤含水率/%	25.6	实测[①]
θ	土壤孔隙度	0.4	实测[①]

注：①该组实测值由表 4-13 中的数据直接计算得到。

（3）建筑物性质参数

吸入室内空气中来自下层土壤的气态污染物这一暴露途径的风险计算涉及的建筑物性质参数见表 4-15。

（4）地下水性质参数

项目场地的地下水风险评估主要考虑地下水污染物挥发至室外蒸汽和挥发至室内蒸汽两个主要途径。计算中涉及的地下水参数见表 4-16。

表 4-15　建筑物特征参数

符号	特征参数	数值	来源
L_{crack}	室内地基或墙体厚度/cm	15	HJ 25.3—2014
X_{crack}	地下室内地板（裂隙）周长/cm	3 400	HJ 25.3—2014
Z_{crack}	地下室地面到地板底部厚度/cm	15	HJ 25.3—2014
d_p	室内外压力差/［g/（cm·s）］	0	HJ 25.3—2014
A_b	地下室内地板面积/cm^2	700 000	HJ 25.3—2014
K_v	土壤透性系数/cm^2	1×10^{-8}	HJ 25.3—2014
η	地基和墙体裂隙表面积占室内地表面积比例	0.01	HJ 25.3—2014
ER	室内空气交换速率/（次/天）	12	HJ 25.3—2014
L_B	室内空间体积与气态污染物入渗面积比	200	HJ 25.3—2014
θ_{acrack}	地基裂隙中空气体积比	0.26	HJ 25.3—2014
θ_{wcarck}	地基裂隙中水体积比	0.12	HJ 25.3—2014

注：表中数据全部参考《污染场地风险评估技术导则》附录 G。

表 4-16　地下水性质参数

参数符号	地下水参数	数值	来源
L_{gw}	地下水位埋深/m	1.32	实测
W	平行于风向的地下水污染源宽度/m	300	实测
h_{cap}	地下水土壤交界处毛细管层厚度/cm	5	HJ 25.3—2014
hv	非饱和土层厚度/cm	265	实测
θ_{acap}	毛细管层土壤中孔隙空气体积比	0.038	HJ 25.3—2014
θ_{wcap}	毛细管层土壤中孔隙水体积比	0.342	HJ 25.3—2014
WAF	暴露于地下水的参考剂量分配比例	0.2	HJ 25.3—2014

注：表中数据部分参考《污染场地风险评估技术导则》附录 G。

（5）空气特征参数

吸入土壤颗粒物和吸入蒸汽各暴露途径计算时涉及的空气特征参数见表 4-17。

表 4-17　室外空气特征参数

参数符号	室外空气	数值	数值来源
U_{air}	混合区大气流速风速/（cm/s）	200	HJ 25.3—2014
PM_{10}	空气中可吸入悬浮颗粒物含量/（mg/m^3）	0.15	HJ25.3—2014
τ	气态污染物入侵时间/年	24	HJ25.3—2014
f_{spi}	室内空气中来自土壤的颗粒物所占比例	0.8	HJ25.3—2014
f_{apo}	室外空气中来自土壤的颗粒物所占比例	0.5	HJ25.3—2014

注：表中数据部分参考《污染场地风险评估技术导则》附录 G。

4．暴露量计算

敏感用地土壤污染物暴露途径下的污染物暴露量按照下述公式计算。

（1）经口摄入土壤途径

住宅及公共用地方式下，人体可经口摄入土壤，如食用黏附有土壤的食物等。对于致癌效应，经口摄入土壤暴露量采用式（4-1）计算；对于非致癌效应，经口摄入土壤暴露量采用式（4-2）进行计算：

$$OISER_{ca} = \frac{\left(\dfrac{OSIR_c \times ED_c \times EF_c}{BW_c} + \dfrac{OSIR_a \times ED_a \times EF_a}{BW_a} \right)}{AT_{ca}} \times 10^{-6} \quad (4\text{-}1)$$

式中：$OISER_{ca}$——经口摄入土壤暴露量（致癌效应），kg 土壤/（kg 体重·d）；

$OSIR_c$——儿童每日摄入土壤量，mg/d；

$OSIR_a$——成人每日摄入土壤量，mg/d；

ED_c——儿童暴露周期，年；

ED_a——成人暴露周期，年；

EF_c——儿童暴露频率，天/年；

EF_a——成人暴露频率，天/年；

BW_c——儿童体重，kg；

BW_a——成人体重，kg；

AT_{ca}——致癌效应平均时间，年。

$$OISER_{nc} = \frac{OSIR_c \times ED_c \times EF_c \times ABS_o}{BW_c \times AT_{nc}} \times 10^{-6} \qquad (4\text{-}2)$$

式中：$OISER_{nc}$——经口摄入土壤暴露量（非致癌效应），kg 土壤/（kg 体重·d）；

$OSIR_c$——儿童每日摄入土壤量，mg/d；

ED_c——儿童暴露周期，年；

EF_c——儿童暴露频率，天/年；

ABS_o——经口摄入吸收效率因子，量纲一；

BW_c——儿童体重，kg；

AT_{nc}——非致癌效应的平均时间，天。

（2）皮肤接触土壤途径

住宅及公共用地方式下，人体可经皮肤直接接触、土壤灰尘附着于皮肤等途径暴露于土壤污染物。对于致癌效应，皮肤接触土壤暴露量采用式（4-3）计算；对于非致癌效应，皮肤接触土壤暴露量采用式（4-4）进行计算：

$$DCSER_{ca} = \frac{SAE_c \times SSAR_c \times EF_c \times ED_c \times E_v \times ABS_d}{BW_c \times AT_{ca}} \times 10^{-6} + \frac{SAE_a \times SSAR_a \times EF_a \times ED_a \times E_v \times ABS_d}{BW_a \times AT_{ca}} \times 10^{-6} \quad (4\text{-}3)$$

式中：$DCSER_{ca}$——皮肤接触土壤暴露量（致癌效应），kg 土壤/
（kg 体重·d）；

SAE_c——儿童暴露皮肤表面积，cm^2；

SAE_a——成人暴露皮肤表面积，cm^2；

$SSAR_c$——儿童皮肤表面土壤黏附系数，mg/cm^2；

$SSAR_a$——成人皮肤表面土壤黏附系数，mg/cm^2；

ABS_d——皮肤接触吸收效率因子，量纲一；

E_v——每日皮肤接触事件频率，次/天。

$$DCSER_{nc} = \frac{SAE_c \times SSAR_c \times EF_c \times ED_c \times E_v \times ABS_d}{BW_c \times AT_{nc}} \times 10^{-6} \quad (4\text{-}4)$$

式中：$DCSER_{nc}$——皮肤接触土壤暴露量（非致癌效应），kg 土壤/
（kg 体重·d）；

SAE_c——儿童暴露皮肤表面积，cm^2；

$SSAR_c$——儿童皮肤表面土壤黏附系数，mg/cm^2；

EF_c——儿童暴露频率，天/年；

ED_c——儿童暴露周期，年；

E_v——每日皮肤接触事件频率，次/天；

ABS_d——皮肤接触吸收效率因子，量纲一；

BW_c——儿童体重，kg；

AT_{nc}——非致癌效应的平均时间，天。

式（4-4）中，SAE_c 的参数值采用式（4-5）计算，SAE_a 的参

数值采用式（4-6）计算：

$$SAE_c = 239 \times H_c^{0.417} \times BW_c^{0.517} \times SER_c \quad\quad (4\text{-}5)$$

式中：H_c——儿童平均身高，cm；

$\quad\quad BW_c$——儿童体重，kg；

$\quad\quad SER_c$——儿童暴露皮肤所占体表面积比。

$$SAE_a = 239 \times H_a^{0.417} \times BW_a^{0.517} \times SER_a \quad\quad (4\text{-}6)$$

式中：H_a——儿童平均身高，cm；

$\quad\quad BW_a$——儿童体重，kg；

$\quad\quad SER_a$——儿童暴露皮肤所占体表面积比。

（3）吸入土壤颗粒物途径

住宅及公共用地方式下，人体可经呼吸吸入室内和室外空气中来自土壤的颗粒物等途径暴露于土壤污染物。对于致癌效应，皮肤接触土壤暴露量采用式（4-7）计算；对于非致癌效应，皮肤接触土壤暴露量采用式（4-8）进行计算：

$$PISER_{ca} = \frac{PM_{10} \times DAIR_c \times ED_c \times PIAF \times (f_{spo} \times EFO_c + f_{spi} \times EFI_c)}{BW_c \times AT_{ca}} \times 10^{-6} +$$

$$\frac{PM_{10} \times DAIR_a \times ED_a \times PIAF \times (f_{spo} \times EFO_a + f_{spi} \times EFI_a)}{BW_a \times AT_{ca}} \times 10^{-6}$$

$$(4\text{-}7)$$

式中：$PISER_{ca}$——吸入土壤颗粒物的土壤暴露量（致癌效应），kg

$\quad\quad\quad$ 土壤/（kg 体重·d）；

$\quad\quad PM_{10}$——空气中可吸入浮颗粒物含量，mg/m³；

$\quad\quad DAIR_a$——成人每日空气呼吸量，m³/d；

$\quad\quad DAIR_c$——儿童每日空气呼吸量，m³/d；

　　　PIAF——吸入土壤颗粒物在体内滞留比例，量纲一；

　　　f_{spi}——室内空气中来自土壤的颗粒物所占比例，量纲一；

　　　f_{spo}——室外空气中来自土壤的颗粒物所占比例，量纲一；

　　　EFI_a——成人的室内暴露频率，天/年；

　　　EFI_c——儿童的室内暴露频率，天/年；

　　　EFO_a——成人的室外暴露频率，天/年；

　　　EFO_c——儿童的室外暴露频率，天/年。

$$PISER_{nc} = \frac{PM_{10} \times DAIR_c \times ED_c \times PIAF \times (f_{spo} \times EFO_c + f_{spi} \times EFI_c)}{BW_c \times AT_{nc}} \times 10^{-6}$$

$$(4\text{-}8)$$

式中：$PISER_{nc}$——吸入土壤颗粒物的土壤暴露量（非致癌效应），

　　　　　　kg 土壤/（kg 体重·d）；

　　　PM_{10}——空气中可吸入悬浮颗粒物含量，mg/m^3；

　　　$DAIR_c$——儿童每日空气呼吸量，m^3/d；

　　　ED_c——儿童暴露周期，年；

　　　PIAF——吸入土壤颗粒物在体内滞留比例，量纲一；

　　　f_{spo}——室外空气中来自土壤的颗粒物所占比例，量纲一；

　　　EFO_c——儿童的室外暴露频率，天/年；

　　　f_{spi}——室内空气中来自土壤的颗粒物所占比例，量纲一；

　　　EFI_c——儿童的室内暴露频率，天/年；

　　　BW_c——儿童体重，kg；

　　　AT_{nc}——非致癌效应的平均时间，天。

　　（4）吸入室外空气中来自表层土壤的气态污染物途径

　　对于致癌效应，吸入室外空气中来自表层土壤的气态污染物
对应的土壤暴露量采用式（4-9）计算；对于非致癌效应，吸入室外
空气中来自表层土壤的气态污染物对应的土壤暴露量采用式

（4-10）进行计算：

$$IOVER_{ca1} = VF_{suroa} \times \left(\frac{DAIR_c \times EFO_c \times ED_c}{BW_c \times AT_{ca}} + \frac{DAIR_a \times EFO_a \times ED_a}{BW_a \times AT_{ca}} \right)$$

$$(4-9)$$

式中：$IOVER_{ca1}$——吸入室外空气中来自表层土壤的气态污染物
对应的土壤暴露量（致癌效应），kg 土壤/（kg
体重·d）；

VF_{suroa}——表层土壤中污染物扩散进入室外空气的挥发因
子，kg/m^3；

$DAIR_a$——成人每日空气呼吸量，m^3/d；

$DAIR_c$——儿童每日空气呼吸量，m^3/d；

EFO_a——成人的室外暴露频率，天/年；

EFO_c——儿童的室外暴露频率，天/年。

ED_c——儿童暴露周期，年；

ED_a——成人暴露周期，年；

BW_c——儿童体重，kg；

BW_a——成人体重，kg；

AT_{ca}——致癌效应平均时间，天。

$$IOVER_{nc1} = VF_{suroa} \times \frac{DAIR_c \times EFO_c \times ED_c}{BW_c \times AT_{nc}} \quad (4-10)$$

式中：$IOVER_{nc1}$——吸入室外空气中来自表层土壤的气态污染物
对应的土壤暴露量（非致癌效应），kg 土壤/（kg
体重·d）；

VF_{suroa}——表层土壤中污染物扩散进入室外空气的挥发因
子，kg/m^3；

$DAIR_c$——儿童每日空气呼吸量，m^3/d；

EFO_c——儿童的室外暴露频率，天/年。

ED_c——儿童暴露周期，年；

BW_c——儿童体重，kg；

AT_{nc}——非致癌效应的平均时间，天。

（5）吸入室外空气中来自下层土壤的气态污染物途径

对于致癌效应，吸入室外空气中来自下层土壤的气态污染物对应的土壤暴露量采用式（4-11）计算；对于非致癌效应，吸入室外空气中来自下层土壤的气态污染物对应的土壤暴露量采用式（4-12）进行计算：

$$IOVER_{ca2} = VF_{suboa} \times \left(\frac{DAIR_c \times EFO_c \times ED_c}{BW_c \times AT_{ca}} + \frac{DAIR_a \times EFO_a \times ED_a}{BW_a \times AT_{ca}} \right)$$

$$(4\text{-}11)$$

式中：$IOVER_{ca2}$——吸入室外空气中来自下层土壤的气态污染物对应的土壤暴露量（致癌效应），kg 土壤/（kg 体重·d）；

VF_{suboa}——下层土壤中污染物扩散进入室外空气的挥发因子，kg/m^3；

$DAIR_a$——成人每日空气呼吸量，m^3/d；

$DAIR_c$——儿童每日空气呼吸量，m^3/d；

EFO_a——成人的室外暴露频率，天/年；

EFO_c——儿童的室外暴露频率，天/年。

ED_c——儿童暴露周期，年；

ED_a——成人暴露周期，年；

BW_c——儿童体重，kg；

BW_a——成人体重，kg；

AT_{ca}——致癌效应平均时间，天。

$$IOVER_{nc2} = VF_{suboa} \times \frac{DAIR_c \times EFO_c \times ED_c}{BW_c \times AT_{nc}} \qquad (4\text{-}12)$$

式中：$IOVER_{nc2}$——吸入室外空气中来自下层土壤的气态污染物对应的土壤暴露量（非致癌效应），kg 土壤/（kg 体重·d）；

VF_{suboa}——下层土壤中污染物扩散进入室外空气的挥发因子，kg/m^3；

$DAIR_c$——儿童每日空气呼吸量，m^3/d；

EFO_c——儿童的室外暴露频率，天/年。

ED_c——儿童暴露周期，年；

BW_c——儿童体重，kg；

AT_{nc}——非致癌效应的平均时间，天。

（6）吸入室内空气中来自下层土壤的气态污染物途径

对于致癌效应，吸入室内空气中来自下层土壤的气态污染物对应的土壤暴露量采用式（4-13）计算；对于非致癌效应，吸入室内空气中来自下层土壤的气态污染物对应的土壤暴露量采用式（4-14）进行计算：

$$IIVER_{ca1} = VF_{subia} \times \left(\frac{DAIR_c \times EFI_c \times ED_c}{BW_c \times AT_{ca}} + \frac{DAIR_a \times EFI_a \times ED_a}{BW_a \times AT_{ca}} \right)$$

$$(4\text{-}13)$$

式中：$IIVER_{ca1}$——吸入室内空气中来自下层土壤的气态污染物对应的土壤暴露量（致癌效应），kg 土壤/（kg 体重·d）；

VF_{subia}——下层土壤中污染物扩散进入室内空气的挥发因
子，kg/m^3；

$DAIR_a$——成人每日空气呼吸量，m^3/d；

$DAIR_c$——儿童每日空气呼吸量，m^3/d；

EFI_a——成人的室内暴露频率，天/年；

EFI_c——儿童的室内暴露频率，天/年；

ED_c——儿童暴露周期，年；

ED_a——成人暴露周期，年；

BW_c——儿童体重，kg；

BW_a——成人体重，kg；

AT_{ca}——致癌效应平均时间，天。

$$IIVER_{nc1} = VF_{subia} \times \frac{DAIR_c \times EFI_c \times ED_c}{BW_c \times AT_{nc}} \qquad (4\text{-}14)$$

式中：$IIVER_{nc1}$——吸入室内空气中来自下层土壤的气态污染物对
应的土壤暴露量（非致癌效应），kg 土壤/（kg
体重·d）；

VF_{subia}——下层土壤中污染物扩散进入室内空气的挥发因
子，kg/m^3；

$DAIR_c$——儿童每日空气呼吸量，m^3/d；

EFI_c——儿童的室内暴露频率，天/年；

ED_c——儿童暴露周期，年；

BW_c——儿童体重，kg；

AT_{nc}——非致癌效应的平均时间，天。

4.5.3 毒性评估

毒性评估是在危害识别的基础上，分析关注污染物对人体健康的危害效应，包括致癌效应和非致癌效应，确定与关注污染物相关的参数，包括参考剂量、参考浓度、致癌斜率因子和呼吸吸入单位致癌因子等。

1．健康效应分析

场地土壤中的关注污染物为 VOCs、SVOCs 和石油烃；关注污染物的重点污染区域为储罐区和生产区域。开展场地土壤环境风险评估工作时，对不同污染物分别考虑其致癌效应和非致癌效应。污染物风险效应分类见表 4-18。

表 4-18　污染物风险效应分类

	污染物
考虑致癌效应	苯并（g,h,i）苉、苯、1,2,4-三甲基苯、1,2-二氯丙烷、1,2-二氯乙烷、1,2,3-三氯丙烷、1,4-二氯苯、氯仿
考虑非致癌效应	芴、菲、蒽、荧蒽、芘、石油烃
考虑致癌效应和非致癌效应	苯并（a）蒽、苯并（b）荧蒽、苯并（k）荧蒽、苯并（a）芘、䓛、茚并（1,2,3-cd）芘、二苯并（a,h）蒽

2．确定污染物参数

本次评估涉及的污染指标为石油烃、多种 VOCs 和 SVOCs，参数皆采用我国风险评估最新参数，各污染物毒性参数见表 4-19。

表4-19　主要污染物毒性参数

污染物		符号	单位	芘	苯并(a)芘	苯并(b)荧蒽	1,2-二氯乙烷	1,2,3-三氯丙烷	1,4-二氯苯	氯仿	TPH >C5~C6	TPH >C6~C8	TPH >C8~C10	TPH >C10~C12	TPH >C12~C16
致癌效应毒性参数	经口摄入致癌斜率因子	SF_o	1/[mg/(kg·d)]	0.03	0.73	0.73	0.055	7	0.024	—	—	—	—	—	—
	皮肤接触致癌斜率因子	SF_d	1/[mg/(kg·d)]	0.03	0.73	0.73	0.055	7	0.024	—	—	—	—	—	—
	呼吸吸入致癌斜率因子	SF_i	1/[mg/(kg·d)]	—	0.38	0.38	0.0077	—	—	0.0805	—	—	—	—	—
非致癌效应毒性参数	经口摄入参考剂量	RfD_o	mg/(kg·d)	0.2	0.2	0.2	0.004	0.006	—	0.01	0.06	0.06	0.1	0.1	0.1
	皮肤接触参考剂量	RfD_d	mg/(kg·d)	0.13	0.13	0.13	0.004	0.006	—	0.01	0.06	0.06	0.1	0.1	0.1
	呼吸吸入参考剂量	RfD_i	mg/(kg·d)	$2.72×10^{-6}$	$5.1×10^{-6}$	$2.26×10^{-6}$	0.69243	0.017143	0.228571	0.027714	5.14	5.14	0.06	0.06	0.06
	参考剂量分配比例	RAF	—	$7.24×10^{-10}$	$9×10^{-10}$	$5.56×10^{-10}$	0.2	0.2	0.2	0.2	0.2	0.2	0.2	0.2	0.2

类别	污染物	符号	单位	萘	苯并(a)芘	苯并(b)荧蒽	苯	1,2-二氯乙烷	1,2,3-三氯丙烷	1,4-二氯苯	氯仿	TPH>C_5~C_6	TPH>C_6~C_8	TPH>C_8~C_{10}	TPH>C_{10}~C_{12}	TPH>C_{12}~C_{16}
吸收因子	皮肤吸收因子	ABS_d	—	—	—	—	0.01	0.1	0.1	0.1	0.1	0.1	0.1	0.1	0.1	0.1
污染物理化性质参数	空气中扩散系数	D_{air}	m^2/s	38 018.94	354 813.4	1 202 264	8.80×10^{-6}	1.04×10^{-5}	7.1×10^{-6}	6.9×10^{-6}	1.04×10^{-5}	0.000 01	0.000 01	0.000 01	0.000 01	0.000 01
	水中扩散系数	D_{wat}	m^2/s	85 703.78	331 894.5	1 285 287	9.80×10^{-10}	9.9×10^{-10}	7.9×10^{-10}	7.9×10^{-10}	10^{-9}	10^{-9}	10^{-9}	10^{-9}	10^{-9}	10^{-9}
	水体最大浓度限值	MCL	mg/L	3 800	1 360	1 220	1.00×10^{-2}	0.03	—	0.3		0.05	0.05	0.05	0.05	0.05
	亨利常数	H	—	—	0.308	0.308	0.0077	0.053 21	0.015 797	0.116 812	0.152 562	32.477 11	48.114 24	78.549 3	122.266 8	520.936 2
	土壤有机碳-水分配系数	K_{oc}	cm^3/g	3 800	1 360	1 220	66.1	17.378 01	389.045 1	645.654 2	46.773 51	794.328 2	3 981.072	31 622.78	251 188.6	5 011 872
	辛醇-水分配系数	K_{ow}	—	0.000 182	0.000 51	0.000 568	0.000 963	67.857 84	318.566 4	1 914.256	33.189 45	3 467.369	3 548.134	3 801.894	4 073.803	4 570.882

4.5.4 风险表征

按照《污染场地风险评估技术导则》的要求对污染物暴露途径进行了风险表征。风险表征过程中提出的风险控制值这一概念是基于可接受致癌风险为 10^{-6} 及危害商为 1 的基础，到达风险控制值的场地基本能满足土地使用要求，不会对范围内的人体健康和动植物造成危害。

1. 风险评估

（1）经口摄入土壤途径的非致癌风险计算

基于经口摄入土壤途径非致癌效应的危害商，采用式（4-15）计算：

$$HQ_{ois} = \frac{OISER_{nc} \times c_{sur}}{RfD_o \times SAF} \qquad (4\text{-}15)$$

式中：HQ_{ois}——基于经口摄入土壤途径非致癌效应的危害商，量纲一；

RfD_o——经口摄入参考剂量，mg 污染物/（kg 体重·d）；

SAF——暴露于土壤的参考剂量分配系数，无量纲；

c_{sur}——表层土壤中污染物浓度，mg/kg；

$OISER_{nc}$——经口摄入的土壤暴露量（非致癌效应），kg 土壤/（kg 体重·d）。

（2）皮肤接触土壤途径的非致癌风险计算

基于皮肤接触土壤途径非致癌效应的危害商，采用式（4-16）计算：

$$HQ_{dcs} = \frac{DCSER_{nc} \times c_{sur}}{RfD_d \times SAF} \qquad (4\text{-}16)$$

式中：HQ_{dcs}——基于皮肤接触土壤途径非致癌效应的危害商，量纲一；

$\quad\quad$ RfD_d——皮肤接触参考剂量，mg 污染物/（kg 体重·d）；

$\quad\quad$ SAF——暴露于土壤的参考剂量分配系数，量纲一；

$\quad\quad$ c_{sur}——表层土壤中污染物浓度，mg/kg；

$\quad\quad$ $DCSER_{nc}$——皮肤接触的土壤暴露量（非致癌效应），kg 土壤/（kg 体重·d）。

（3）吸入土壤颗粒物途径的非致癌风险计算

基于吸入土壤颗粒物途径非致癌效应的危害商，采用式（4-17）计算：

$$HQ_{pis} = \frac{PISER_{nc} \times c_{sur}}{RfD_i \times SAF} \tag{4-17}$$

式中：HQ_{pis}——基于吸入颗粒物途径非致癌效应的危害商，量纲一；

$\quad\quad$ RfD_i——呼吸吸入参考剂量，mg 污染物/（kg 体重·d）；

$\quad\quad$ SAF——暴露于土壤的参考剂量分配系数，量纲一；

$\quad\quad$ c_{sur}——表层土壤中污染物浓度，mg/kg；

$\quad\quad$ $PISER_{nc}$——吸入土壤颗粒物的土壤暴露量（非致癌效应），kg 土壤/（kg 体重·d）。

（4）吸入室外空气中来自表层土壤的气态污染物途径的非致癌风险计算

基于吸入室外空气中来自表层土壤的气态污染物途径非致癌效应的土壤风险控制值，计算方法见式（4-18）：

$$HQ_{iov1} = \frac{IOVER_{nc1} \times c_{sur}}{RfD_i \times SAF} \tag{4-18}$$

式中：HQ_{iov1}——基于吸入室外空气中来自表层土壤的气态污染物途径的非致癌风险，量纲一；

c_{sur}——表层土壤中污染物浓度，mg/kg；根据场地采样调查分析结果确定参数值；

RfD_i——呼吸吸入参考剂量，mg 污染物/（kg 体重·d）；

SAF——暴露于土壤的参考剂量分配系数，量纲一；

$IOVER_{nc1}$ 参数的含义见式（4-10）。

（5）吸入室外空气中来自下表层土壤的气态污染物途径的非致癌风险计算

基于吸入室外空气中来自下表层土壤的气态污染物途径的非致癌风险计算方法见式（4-19）：

$$HQ_{iov2} = \frac{IOVER_{nc2} \times c_{sub}}{RfD_i \times SAF} \qquad （4-19）$$

式中：HQ_{iov2}——基于吸入室外空气中来自下表层土壤的气态污染物途径的非致癌风险，量纲一；

RfD_i——呼吸吸入参考剂量，mg 污染物/（kg 体重·d）；

SAF——暴露于土壤的参考剂量分配系数，量纲一；

c_{sub}——下层土壤中污染物浓度，mg/kg；

$IOVER_{nc2}$ 参数的含义见式（4-12）。

（6）吸入室内空气中来自下表层土壤的气态污染物途径的非致癌风险计算

基于吸入室内空气中来自下表层土壤的气态污染物途径的非致癌风险计算方法见式（4-20）：

$$HQ_{iiv1} = \frac{IIVER_{nc1} \times c_{sub}}{RfD_i \times SAF} \qquad （4-20）$$

式中：HQ_{iiv1}——基于吸入室内空气中来自下表层土壤的气态污染物途径的非致癌风险，量纲一；

RfD_i——呼吸吸入参考剂量，mg 污染物/（kg 体重·d）；

SAF——暴露于土壤的参考剂量分配系数，量纲一；

c_{sub}——下层土壤中污染物浓度，mg/kg；

$IIVER_{nc1}$ 参数的含义见式（4-14）。

（7）土壤中单一污染物经所有暴露途径的危害商计算

土壤中单一污染物经所有暴露途径的危害商采用式（4-21）计算：

$$HI_n = HQ_{ois} + HQ_{dcs} + HQ_{pis} + HQ_{iov1} + HQ_{iov2} + HQ_{iiv1} \quad （4-21）$$

式中：HI_n——土壤中单一污染物（第 n 种）经所有暴露途径的危害商，量纲一。

2. 风险控制值计算

风险控制值是基于可接受致癌风险为 10^{-6} 及危害商为 1 的基础上，提出的场地土壤风险控制值。到达风险控制值的场地基本能满足土地使用要求，不会对场地范围内的人体健康和动植物造成危害。参数与方法来源同环境风险评估。

（1）经口摄入土壤途径

基于经口摄入土壤途径非致癌效应的土壤风险控制值，采用式（4-22）计算：

$$HCVS_{ois} = \frac{RfD_o \times SAF \times AHQ}{OISER_{nc}} \quad （4-22）$$

式中：$HCVS_{ois}$——基于经口摄入土壤途径非致癌效应的土壤风险控制值，mg/kg；

RfD_o——经口摄入参考剂量，mg 污染物/（kg 体重·d）；

SAF——暴露于土壤的参考剂量分配系数，量纲一；

AHQ——可接受危害商值，量纲一；

$OISER_{nc}$——经口摄入的土壤暴露量（非致癌效应），kg 土壤/（kg 体重·d）。

（2）皮肤接触土壤途径

基于皮肤接触土壤途径非致癌效应的土壤风险控制值，采用式（4-23）计算：

$$HCVS_{dcs} = \frac{RfD_d \times SAF \times AHQ}{DCSER_{nc}} \quad （4-23）$$

式中：$HCVS_{dcs}$——基于皮肤接触土壤途径非致癌效应的土壤风险控制值，mg/kg；

　　　RfD_d——皮肤接触参考剂量，mg 污染物/（kg 体重·d）；

　　　SAF——暴露于土壤的参考剂量分配系数，量纲一；

　　　AHQ——可接受危害商值，量纲一；

　　　$DCSER_{nc}$——皮肤接触的土壤暴露量（非致癌效应），kg 土壤/（kg 体重·d）。

（3）吸入土壤颗粒物途径

基于吸入土壤颗粒物途径非致癌效应的土壤风险控制值，采用式（4-24）计算：

$$HCVS_{pis} = \frac{RfD_i \times SAF \times AHQ}{PISER_{nc}} \quad （4-24）$$

式中：$HCVS_{pis}$——基于吸入颗粒物途径非致癌效应的土壤风险控制值，mg/kg；

　　　RfD_i——呼吸吸入参考剂量，mg 污染物/（kg 体重·d）；

　　　SAF——暴露于土壤的参考剂量分配系数，量纲一；

　　　AHQ——可接受危害商值，量纲一；

　　　$PISER_{nc}$——吸入土壤颗粒物的土壤暴露量（非致癌效应），kg 土壤/（kg 体重·d）。

（4）吸入室外空气中来自表层土壤的气态污染物途径

基于吸入室外空气中来自表层土壤的气态污染物途径非致癌

效应的土壤风险控制值，采用式（4-25）计算：

$$HCVS_{iov1} = \frac{RfD_i \times SAF \times AHQ}{IOVER_{nc1}}$$ （4-25）

式中：$HCVS_{iov1}$——基于吸入室外空气中来自表层土壤的气态污染
物途径非致癌效应的土壤风险控制值，mg/kg；

RfD_i——呼吸吸入参考剂量，mg 污染物/（kg 体重·d）；

SAF——暴露于土壤的参考剂量分配系数，量纲一；

AHQ——可接受危害商值，量纲一；

$IOVER_{nc1}$——吸入室外空气中来自表层土壤的气态污染物
对应的土壤暴露量（非致癌效应），kg 土壤/
（kg 体重·d）。

（5）吸入室外空气中来自下层土壤的气态污染物途径

基于吸入室外空气中来自下层土壤的气态污染物途径非致癌
效应的土壤风险控制值，采用式（4-26）计算：

$$HCVS_{iov2} = \frac{RfD_i \times SAF \times AHQ}{IOVER_{nc2}}$$ （4-26）

式中：$HCVS_{iov2}$——基于吸入室外空气中来自下层土壤的气态污染
物途径非致癌效应的土壤风险控制值，mg/kg；

RfD_i——呼吸吸入参考剂量，mg 污染物/（kg 体重·d）；

SAF——暴露于土壤的参考剂量分配系数，量纲一；

AHQ——可接受危害商值，量纲一；

$IOVER_{nc2}$——吸入室外空气中来自下层土壤的气态污染物
对应的土壤暴露量（非致癌效应），kg 土壤/
（kg 体重·d）。

（6）吸入室内空气中来自下层土壤的气态污染物途径

基于吸入室内空气中来自下层土壤的气态污染物途径非致癌

效应的土壤风险控制值，采用式（4-27）计算：

$$HCVS_{iiv} = \frac{RfD_i \times SAF \times AHQ}{IIVER_{nc1}}$$（4-27）

式中：$HCVS_{iiv}$——基于吸入室内空气中来自下层土壤的气态污染
物途径非致癌效应的土壤风险控制值，mg/kg；

RfD_i——呼吸吸入参考剂量，mg 污染物/（kg 体重·d）；

SAF——暴露于土壤的参考剂量分配系数，量纲一；

AHQ——可接受危害商值，量纲一；

$IIVER_{nc1}$——吸入室内空气中来自下层土壤的气态污染物
对应的土壤暴露量（非致癌效应），kg 土壤/
（kg 体重·d）。

（7）基于 6 种土壤污染物暴露途径综合非致癌效应的土壤风
险控制值，采用式（4-28）计算：

$$HCVS_n = \frac{AHQ \times SAF}{\dfrac{OISER_{nc}}{RfD_o} + \dfrac{DCSER_{nc}}{RfD_d} + \dfrac{PISER_{nc} + IOVER_{nc1} + IOVER_{nc2} + IIVER_{nc1}}{RfD_i}}$$

（4-28）

式中：$OISER_{nc}$——经口摄入土壤暴露量（非致癌效应），kg 土壤/
（kg 体重·d）；

$DCSER_{nc}$——皮肤接触土壤暴露量（非致癌效应），kg 土壤/
（kg 体重·d）；

$PISER_{nc}$——吸入土壤颗粒物的土壤暴露量（非致癌效应），
kg 土壤/（kg 体重·d）；

$IOVER_{nc1}$——吸入室外空气中来自表层土壤的气态污染物
对应的土壤暴露量（非致癌效应），kg 土壤/
（kg 体重·d）；

$IOVER_{nc2}$——吸入室外空气中来自下层土壤的气态污染物对

应的土壤暴露量（非致癌效应），kg 土壤/（kg 体重·d）；

IIVER$_{nc1}$——吸入室内空气中来自下层土壤的气态污染物对应的土壤暴露量（非致癌效应），kg 土壤/（kg 体重·d）；

RfD$_i$——呼吸吸入参考剂量，mg 污染物/（kg 体重·d）；

SAF——暴露于土壤的参考剂量分配系数，量纲一；

AHQ——可接受危害商值，量纲一；

RfD$_d$——皮肤接触参考剂量，mg 污染物/（kg 体重·d）；

RfD$_o$——经口摄入参考剂量，mg 污染物/（kg 体重·d）；

（8）基于吸入室外空气中来自地下水的气态污染物途径致癌效应的地下水风险控制值，采用式（4-29）计算：

$$RCVG_{iov} = \frac{ACR}{IOVER_{ca3} \times SF_i} \qquad (4\text{-}29)$$

式中：RCVG$_{iov}$——基于吸入室外空气中来自地下水的气态污染物途径致癌效应的地下水风险控制值，mg/kg；

ACR——可接受致癌风险，量纲一，取值为 10^{-6}；

IOVER$_{ca3}$——吸入室外空气中来自地下水的气态污染物对应的地下水暴露量（致癌效应），L 地下水/（kg 体重·d）；

SF$_i$——呼吸吸入致癌斜率因子，[mg 污染物/（kg 体重·d）]$^{-1}$。

（9）基于吸入室内空气中来自地下水的气态污染物途径致癌效应的地下水风险控制值，根据式（4-30）计算：

$$RCVG_{iiv} = \frac{ACR}{IIVER_{ca2} \times SF_i} \qquad (4\text{-}30)$$

式中：RCVG$_{iiv}$——基于吸入室内空气中来自地下水的气态污染物

途径致癌效应的地下水风险控制值，mg/kg。

$\mathrm{IIVER_{ca2}}$——吸入室内空气中来自地下水的气态污染物对应的地下水暴露量（致癌效应），L 地下水/（kg 体重·d）。

（10）基于2种地下水污染物暴露途径综合致癌效应的地下水风险控制值，采用式（4-31）计算：

$$\mathrm{RCVG_n} = \frac{\mathrm{ACR}}{(\mathrm{IOVER_{ca3}} + \mathrm{IIVER_{ca2}}) \times \mathrm{SF_i}} \tag{4-31}$$

式中：$\mathrm{RCVG_n}$——单一污染物（第 n 种）基于2种地下水污染物暴露途径综合致癌效应的地下水风险控制值，mg/kg。

4.5.5　风险评估结果

1. 计算结果

（1）土壤中各污染物的人体健康风险计算结果

土壤中各污染物的人体健康风险计算结果见表4-20。

表4-20　土壤风险计算结果

序号	污染物	致癌风险	非致癌危害商
1	苯	5.25×10^{-4}	31.06
2	甲苯		1.56
3	乙苯	1.10×10^{-4}	0.86
4	对二甲苯		7.08
5	间二甲苯		7.36
6	邻二甲苯		3.71
7	苯乙烯		1.23
8	芘		0.10
9	1,2-二氯丙烷	1.90×10^{-2}	4 830.06
10	1,2,3-三氯丙烷	3.02	4 864.00
11	1,4-二氯苯	3.43×10^{-6}	0.04
12	萘	4.08×10^{-4}	39.93
13	苯酚		0.01

序号	污染物	致癌风险	非致癌危害商
14	芴		0.42
15	蒽		0.03
16	荧蒽		0.33
17	芘		0.39
18	苯并（a）蒽	$4.54×10^{-5}$	
19	苯并（b）荧蒽	$6.30×10^{-5}$	
20	苯并（k）荧蒽	$1.01×10^{-6}$	
21	苯并（a）芘	$5.54×10^{-4}$	63.91
22	茚并（1,2,3-cd）芘	$9.99×10^{-6}$	
23	二苯并（a,h）蒽	$9.23×10^{-6}$	
24	邻苯二甲酸二（2-乙基己基）酯	$7.97×10^{-7}$	0.043

由计算结果可知，土壤中苯、乙苯、1,2-二氯丙烷、1,2,3-三氯丙烷、1,4-二氯苯、萘、苯并（a）蒽、苯并（b）荧蒽、苯并（k）荧蒽、苯并（a）芘、茚并（1,2,3-cd）芘和二苯并（a,h）蒽的致癌风险大于10^{-6}，致癌风险不可接受。

土壤中苯、甲苯、对二甲苯、间二甲苯、邻二甲苯、苯乙烯、1,2-二氯丙烷、1,2,3-三氯丙烷、苯酚、苯并（a）芘的非致癌危害商大于1，非致癌风险不可接受。

土壤中苊、芴、蒽、荧蒽、芘、邻苯二甲酸二（2-乙基己基）酯的风险可接受。

石油烃、正-丙苯、1,3,5-三甲基苯、1,2,4-三甲基苯、对-异丙基甲苯、1,3-二氯苯、3,4-甲基苯酚、2-甲基萘、苊烯、二（2-氯乙基）醚、二（2-氯异丙基）醚和咔唑暂无风险计算参数，通过与筛选值进行对比发现，以上污染物的浓度最大值均大于筛选值，初步判定为风险不可接受。

（2）地下水各污染物的人体健康风险计算结果

考虑场地地下水利用情况，选择基于吸入室外空气中来自地下水的气态污染物及基于吸入室内空气中来自地下水的气态污染物途径, 使用《污染场地风险评估技术导则》的推荐方法计算地下水中各污染物的致癌风险及非致癌危害商。

地下水中苯、乙苯、1,2-二氯丙烷、二氯甲烷、1,1-二氯乙烷、1,2-二氯乙烷、氯仿、萘苯并 (a) 蒽、苯并 (a) 芘和 1,4-二氯苯的致癌风险大于 10^{-6}, 致癌风险不可接受。

地下水中苯、甲苯、乙苯、间/对二甲苯、邻二甲苯、苯乙烯、1,2-二氯丙烷、二氯甲烷、1,2-二氯乙烷、1,2,3-三氯丙烷、氯苯、氯仿、萘和 1,4-二氯苯的非致癌危害商大于 1, 非致癌风险不可接受。

地下水样品中苯酚和邻苯二甲酸二 (2-乙基己基) 酯的风险可接受。

2. 风险控制值

(1) 土壤中各污染物的风险控制值

土壤中各污染物的风险控制值见表 4-21。

表 4-21 土壤中各污染物风险控制值　　单位: mg/kg

序号	污染物	计算控制值
1	苯	0.76
2	甲苯	1 597.41
3	乙苯	5.73
4	对二甲苯	131.82
5	间二甲苯	126.43
6	邻二甲苯	173.28
7	苯乙烯	2 311.43
8	苊	2 191.90
9	1,2-二氯丙烷	0.72
10	1,2,3-三氯丙烷	0.03
11	1,4-二氯苯	4.30
12	萘	20.45
13	苯酚	9 565.75
14	芴	1 461.27
15	蒽	10 959.49
16	荧蒽	1 461.27

序号	污染物	计算控制值
17	芘	1 095.95
18	苯并（*a*）蒽	5.40
19	苯并（*b*）荧蒽	5.42
20	苯并（*k*）荧蒽	46.08
21	苯并（*a*）芘	0.54
22	茚并（1,2,3-*cd*）芘	5.42
23	二苯并（*a,h*）蒽	0.54
24	邻苯二甲酸二（2-乙基己基）酯	42.17

（2）地下水中各污染物的风险控制值

地下水中各污染物的风险控制值见表 4-22。

表 4-22　地下水中各污染物风险控制值　　　单位：µg/L

序号	污染物名称	计算控制值
1	苯	0.32
2	甲苯	53.02
3	乙苯	10.41
4	对二甲苯	1.16
5	间二甲苯	1.12
6	邻二甲苯	1.43
7	苯乙烯	22.21
8	1,2-二氯丙烷	0.08
9	二氯甲烷	26.31
10	1,1-二氯乙烷	0.13
11	1,2-二氯乙烷	0.23
12	1,2,3-三氯丙烷	49
13	氯苯	0.98
14	氯仿（三氯甲烷）	1.56
15	萘	0.3
16	苯酚	7 730.33
17	芘	31
18	苯并（*a*）蒽	0.56
19	苯并（*a*）芘	0.99
20	邻苯二甲酸二（2-乙基己基）酯	1 104.72
21	1,4-二氯苯	23.49

4.5.6 风险评估结论

经计算，项目场地土壤中苊、芴、蒽、荧蒽、芘和邻苯二甲酸二（2-乙基己基）酯的风险可接受。苯、乙苯、1,2-二氯丙烷、1,2,3-三氯丙烷、1,4-二氯苯、萘、苯并（a）蒽、苯并（b）荧蒽、苯并（k）荧蒽、苯并（a）芘、茚并（1,2,3-cd）芘和二苯并（a,h）蒽的致癌风险大于 10^{-6}，致癌风险不可接受。苯、甲苯、对二甲苯、间二甲苯、邻二甲苯、苯乙烯、1,2-二氯丙烷、1,2,3-三氯丙烷、苯酚和苯并（a）芘的非致癌危害商大于 1，非致癌风险不可接受。

地下水样品中苯酚和邻苯二甲酸二（2-乙基己基）酯的风险可接受。苯、乙苯、1,2-二氯丙烷、二氯甲烷、1,1-二氯乙烷、1,2-二氯乙烷、氯仿、萘苯并（a）蒽、苯并（a）芘和 1,4-二氯苯的致癌风险大于 10^{-6}，致癌风险不可接受。苯、甲苯、乙苯、间/对二甲苯、邻二甲苯、苯乙烯、1,2-二氯丙烷、二氯甲烷、1,2-二氯乙烷、1,2,3-三氯丙烷、氯苯、氯仿、萘和 1,4-二氯苯的非致癌危害商大于 1，非致癌风险不可接受。

土壤、地下水中多种污染物的人体健康风险不可接受，需要进行修复治理。

4.5.7 治理与修复建议

1. 土壤修复范围

划定土壤修复范围时，以修复目标值为标准，根据实验室取样检测结果分区、分层进行划定。

①考虑全部超标污染物

以超标样点分布情况为主要划定依据，圈定单一污染物污染范围，确定详细调查结果确定的待修复范围。

②分层圈定污染范围

不同土层中各污染物污染范围的分布位置、面积各不相同，首先将苯、1,2,3-三氯丙烷、石油烃（$C_{10}\sim C_{40}$）及其他污染物，按照其在填土层、粉黏层（含水层顶板）、粉砂层、粉黏层（含水层底板）超风险控制值点位的分布情况，使用泰森多边形的方法，取清洁点与污染点位中点位置，确定并描绘出对应的土壤处理范围。

③裁弯取直

水平方向上，在准确圈定各土层单一污染物需处理范围的基础上，将相同土层的各污染物需处理范围进行叠加，以便后期处理工作的开展。对叠加后的结果适当进行裁弯取直，确定每一土层需要修复的具体范围。由水文地质调查结果可知，该场地地层坡度落差较小，即每个土层的厚度基本一致。因此，纵向上可按土层、深度确定修复范围。

经过污染范围划定，最终确定待修复土方量为 926 009.36 m^3。

2．地下水修复范围

（1）场内地下水修复范围

通过采样分析，判定项目场地地下水污染较为严重，各点位均存在污染现象，污染物集中于第一稳定含水层，经计算苯、甲苯、乙苯、间/对二甲苯、邻二甲苯、苯乙烯、1,2-二氯丙烷、二氯甲烷、1,2-二氯乙烷、1,2,3-三氯丙烷、氯苯、氯仿、萘、1,4-二氯苯等污染物的人体健康风险不可接受。基于以上检测结果，最终划定修复面积为 143 554.73 m^2，覆盖全部生产区及储罐区，含水层厚度约为 6.65 m。

（2）地下水迁移情况分析

经调查，场地边界地下水采样点样品污染物含量超标，推测场地周边也受到污染。污染随地下水流动而移动和扩散，范围变化主要受地下水流向及流速影响。地下水流速使用式（4-32）进行计算，区域地下水流向为自西北至东南。

$$地下水流速=水平渗透系数×水力梯度 \qquad （4-32）$$

项目场地第一稳定含水层的水平渗透系数为 $3.17×10^{-5}$ cm/s，水力梯度为 0.2‰。计算得到第一稳定含水层的地下水流速为 $6.34×10^{-9}$ cm/s，约为 0.2 cm/a。场地地层水力梯度较小，地下水流速较慢，污染物随水向东南方向扩散，扩散速度较慢，正常情况下，短期内污染范围不会出现大的变化，为避免造成大范围污染，应及时给予关注并开展修复工作。地下水修复范围见图 4-13。

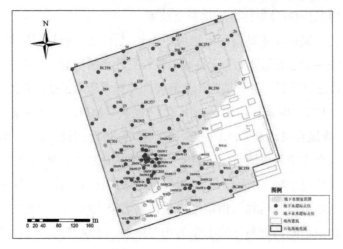

图 4-13　地下水修复范围

3. 场地污染特点

根据前文的研究分析结果可知，本项目场地污染特点如下：

- 污染类型为有机污染；
- 污染物主要分布在场地生产区和储罐区，修复范围内的土壤及地下水均需要进行修复；

- 修复量预计涉及土方量为 926 009.36 m^3；

- 修复土壤最深至 14.5 m。

- 地下水污染范围较大，覆盖整个场地生产区；

- 场地内的拆迁活动及场地周边的施工活动，对场地土壤、地下水的污染范围有明显影响，应及时开展修复工作。

4．修复技术建议

根据生态环境部推荐的《污染场地修复技术目录（第一批）》，结合该场地污染特点及实际情况，建议采用以下几种场地修复技术，以供修复实施单位参考。

（1）原位/异位化学氧化修复技术

化学氧化技术是向污染土壤中添加氧化剂，通过氧化作用，使土壤中的污染物转化为无毒或毒性相对较小的物质。常见的氧化剂包括过氧化氢、芬顿试剂、臭氧等，该技术适用于处理石油烃、BTEX（苯、甲苯、乙苯、二甲苯）、酚类、MTBE（甲基叔丁基醚）、含氯有机溶剂、PAHs 类、农药类等大部分有机污染土壤。

结合本项目场地实际污染特点，若采用该技术开展修复工程，则建议浅层土壤（0～4 m）采用异位化学氧化修复技术，即将该部分土壤清挖并运输至指定地点后，向污染土壤中喷洒氧化剂，通过翻倒达到药剂与污染土壤的均匀接触，实现其充分氧化的效果，达到修复预期目标。部分土壤污染物浓度较高，也可以考虑用异位方式处理；深层土壤（4～14.5 m）采用原位化学氧化修复技术，即采用高压旋喷方式在污染场地按照合理的参数布设一定数量的药剂旋喷桩，将氧化剂打入深层污染土壤中，使其与污染土壤充分接触，同时实现对场地内污染地下水的修复。

（2）热脱附技术

热脱附技术是通过直接或间接加热，将污染土壤加热至一定温度，通过控制系统温度和物料停留时间有选择地促使污染物气化挥发，使目标污染物与土壤颗粒分离、去除。该技术适用于处理挥发及半挥发性有机污染物（如石油烃、农药、多氯联苯）和汞污染的土壤；不适用于无机物污染土壤（汞除外），也不适用于腐蚀性有机物、活性氧化剂和还原剂含量较高的土壤。

结合本项目实际污染特点，若采用热脱附修复技术，则首先需要将场地内污染土壤与地下水分别进行修复，即首先通过地下水阻隔技术将上游污染地下水进行阻隔，然后通过降水工程将场地污染地下水抽出，送污水处理厂处理或采用污水处理设备，将污染物指标处理至污水处理厂收水标准范围内后，送污水处理厂进行常规处置。

降水工程完成后，按照预先确定的修复范围，采用清挖、运输等方式将污染土壤清运至热脱附系统所在位置进行处置，修复过程中尤其需要注意二次污染防治问题，即高温烟气中污染物的二次燃烧与吸附处置，确保在修复过程中不会对周边产生显著不良影响。

除此之外，修复工程还需要考虑热脱附后的土壤利用问题，原则上可将该部分修复后的土壤进行回填，但考虑到该场地未来利用规划的敏感性，建议将其作为工业用地建设用土。

（3）水泥窑协同处置技术

该技术利用水泥回转窑内的高温、气体时间停留长、热容量大、热稳定性好、碱性环境和无废渣排放等特点，在生产水泥熟料的同时，焚烧固化处理污染土壤。污染土壤从窑尾烟气室进入水泥回转窑，窑内最高温度可达 1 450℃，在水泥窑的高温条件下，污染土壤中的石油烃类等有机污染物彻底分解转化为二氧化碳和水蒸气。

与采用热脱附修复技术类似，水泥窑协同处置技术同样需要将污染土壤与地下水分别进行合理安全处置，即首先需将场地内的地下水单独抽出进行处理，其次需将污染土壤清挖并运至水泥厂进行安全处置。

水泥窑协同处置技术成熟度高，在国内污染土壤处置领域已有广泛应用，修复成本居中，运行难度已经不存在技术难点，且拥有合适的水泥厂可接收该类型的污染土壤并完成其修复工作，故采用该技术具有一定的适用性。

综上所述，针对该污染场地，以上三种修复技术理论上均可达到预期修复目标，同样也可能存在其他适用的修复技术，因此污染场地修复开工前，修复单位应编制详细修复方案，对以上三类及其他适用技术从适用性、成本、周期和可操作性等方面进行详细论证筛选，确保修复后的场地能够满足规划利用土地性质的要求。

4.5.8　与前期调查结果对比分析

项目场地前期开展过场地调查工作，开始修复工作后，修复方又对现场污染状况进行了补充调查。由于前期调查完成得较早，随着原企业拆迁，场地内状况发生了较大变化。同时，2018 年年底《土壤环境质量　建设用地土壤污染风险管控标准（试行）》等相关文件的发布，使得场地土壤调查使用的检测方法、对比标准、风险评估参数等发生了较大变化，这些原因共同造成了污染范围的变化。为了保证调查结果的真实合理性，项目对前后两次调查结果进行了对比分析。

1. 污染物类型对比结果

（1）对比结果

由检测结果可知，项目场地污染较为严重。土壤和地下水中均有多个样品超标。与前期调查结果对比，土壤和地下水中的污染物类型基本一致，但部分污染物指标在两次调查中略有差别。

土壤中共有22种污染物两次调查均有检出且超标；9种污染物两次调查均有检出但均不超标；7种污染物两次调查均有检出但仅本次调查超标；2种污染物两次调查均有检出但仅在前期调查超标；4种污染物仅在前期调查中有检出；苯酚仅在本次调查中有检出并超标；另外，还有8种污染物仅在本次调查中有检出，但含量较低，均不超过对应标准。

地下水中共有12种污染物两次调查均有检出且超标；10种污染物两次调查均有检出但均不超标；13种污染物两次调查均有检出但仅本次调查超标；2种污染物两次调查均有检出但仅在前期调查超标；6种污染物仅在前期调查中有检出；4种污染物仅在本次调查中有检出并超标；另外，还有7种污染物仅在本次调查中有检出，但含量较低，均不超过对应地下水标准。

（2）原因分析

由对比结果可知，在两次调查工作中土壤和地下水中绝大多数污染指标的检出、超标情况呈现一致性。

部分指标在两次调查中均有检出，但仅本次调查超标，这些污染物主要是以间/对-二甲苯、苯乙烯、邻-二甲苯、1,3,5-三甲基苯为代表的苯系物，说明其在土壤和地下水中的污染加深了，需要找到污染源头进行污染控制。

萘和氯仿仅在前期调查中有检出或超标，是由于目前使用《土壤环境质量　建设用地土壤污染风险管控标准（试行）》取代了《场地土壤环境风险评价筛选值》，菌的标准也由 50 mg/kg 变为了 490 mg/kg，氯仿的标准由 0.22 mg/kg 变为了 0.3 mg/kg。这两种污染物在项目场地中的含量较低，标准变化后，它们的含量不再属于超标范围。

少量指标仅在本次调查中有检出。以苯酚为主的污染物在土壤中呈零星分布，这类污染物可能来自企业生产的中间产品及废料，其含量低，成分复杂，在土壤中的分布不均匀。前期调查中部分区域由于硬化和建筑物遮挡，造成这类污染物污染情况未能揭示。

2．污染分布范围对比结果

（1）对比结果

①污染深度一致

前期调查显示，最大污染深度为 14 m。本次调查在前期调查的基础上，适当进行了加深，结果显示，最大污染深度为 14 m，送检的 15 m 深度处的样品均未超标，因此，判断最大污染深度仍为 14 m。但在划定污染范围过程中，应将本项目修复最大深度适当放宽至 14.5 m，避免污染遗漏。

②水平方向污染范围增大

由于本次调查的多数点位与前期调查点位相同，因此本项目对其污染状况也进行了对比。

在点位完全相同的 113 个点位中，有 66 个前期超标点位，本阶段调查仍超标，11 个前期清洁点本阶段调查仍为清洁点，有 77 个点位检测结果没有发生变化，结果相符率为 68.14%。

但仍有部分点位超标情况发生了变化，同时，在调查空白区域补充的采样点处也出现了污染物超标的现象，使得水平方向污染范围扩大。

（2）原因分析

项目场地污染范围变大，经分析推断原因如下：

一是厂房、设备的拆除为场地引入了新的污染，如在本次调查中检出超标的间/对-二甲苯、邻-二甲苯、1,3,5-三甲基苯等苯系物，可能就是在拆除设备时进入了场内，造成土壤含量升高，形成污染。

二是翻整表层土壤使得表层（0～4 m）土壤中的污染物发生了迁移，造成污染范围扩大。由污染源解析可知，石油烃、1,2,3-三氯丙烷等指标在0～1.5 m深度土层内的分布范围较前期调查有明显增加，有可能是翻整场地表层土壤造成的污染物水平分布范围扩大。

综上所述，场地内污染较容易发生迁移，需尽快开展修复工作。

3．风险评估对比结果

项目使用本次补充调查获取的检测结果数据重新进行了风险计算，与前期调查结果对比如下：

（1）对比结果

对比结果可知，地下水中风险不可接受的污染物明显增加，说明地下水污染较前期调查时加重了。

本次调查参考的筛选值（筛选值为1）为《土壤环境质量 建设用地土壤污染风险管控标准》（试行）中的第一类用地筛选值，前期调查参考的筛选值为《场地土壤环境风险评价筛选值》中的住宅用地筛选值。本次调查计算的控制值普遍大于前次调查，通过使用筛选值修正，在保证环境安全的前提下，除1,2,3-三氯丙烷修复目标没有变化，萘随筛选值减小外，其余修复目标值均明显增加。

由于地下水标准没有发生变化，因此项目中的地下水修复目标值除石油烃外均未发生变化。在前期调查中，石油烃是针对<C$_{16}$ 碳段给出的修复目标值，本次调整至 C$_{10}$～C$_{40}$，同时筛选值选择 5 000 μg/L。

（2）原因分析

由风险评估计算结果对比情况可知，地下水中风险不可接受 的污染物类型明显增加，说明地下水中污染加重，可能是由于拆 迁使得更多的污染物进入地下水，也可能是随着时间变化，土壤 中的污染物逐步进入地下水，需要尽快开展修复工作。

本次调查的土壤风险控制值计算结果明显大于前期调查结 果，这是由于评估计算参数发生了变化。

4．修复范围对比结果

（1）对比结果

本次调查划定的修复量明显大于前期调查，且每个土层均有 增加，增幅最大的为填土层和含水层顶板的粉黏层。地下水修复 面积由 94 330.96 m^2 增加至 143 554.73 m^2。

（2）原因分析

修复量的增加主要是由于污染范围扩大。

4.6 结论及建议

4.6.1 结论

基于前期调查及修复方补充调查数据划定了重点关注区域， 在此基础上设计采样方案，对土壤和地下水进行了采样及检测。 土壤采样点布设使用判断布点法，以核实污染为主、补充调查为 辅，共布设土壤采样点 134 个，共采集土壤样品 1 101 个，根据污染状况、土层性质和 PID 数据，送检样品 746 个，包含 79 组平行样。地下水监测井包含场内原有地下水井 82 口及新建监测井 12 口，共采集地下水样品 103 个，包含 4 组平行样。

检测结果显示，苯、甲苯、乙苯、间/对-二甲苯、苯乙烯、邻-二甲苯、1,3,5-三甲基苯、1,2,4-三甲基苯、1,2-二氯丙烷、1,2-二氯乙烷、1,2,3-三氯丙烷、1,4-二氯苯、萘、氯苯、氯仿、1,1-二氯乙烷、1,3-二氯丙烷、四氯乙烯有检出并超过对应筛选值。SVOCs 苯酚、2-甲基萘、芴、菲、蒽、荧蒽、芘、苯并（a）蒽、苯并（b）荧蒽、苯并（k）荧蒽、苯并（a）芘、茚并（1,2,3-cd）芘、二苯并（a,h）蒽、苯并（g,h,i）芘、邻苯二甲酸二（2-乙基己基）酯和二（2-氯乙基）醚在土壤中均有检出，且检测结果超过了对应筛选值。

苯、甲苯、乙苯、间/对-二甲苯、苯乙烯、邻-二甲苯、1,3,5-三甲基苯、1,2,4-三甲基苯、1,2-二氯丙烷、二氯甲烷、1,2-二氯乙烷、1,2,3-三氯丙烷、1,2-二氯丙烷、1,1,2-三氯乙烷、氯苯、2-氯甲苯、4-氯甲苯、1,4-二氯苯、氯仿、萘有检出并超过对应地下水标准；SVOCs 苯酚、2-甲基萘、苯并（a）蒽、苯并（a）芘、邻苯二甲酸二丁酯、二（2-氯乙基）醚和总石油烃（C_{10}～C_{40}）在地下水中均有检出，且检测结果超过了对应地下水标准。

本项目对超过标准的污染物进行了风险评估，风险评估结果显示，项目场地土壤中芘、芴、蒽、荧蒽、芘和邻苯二甲酸二（2-乙基己基）酯的风险可接受。苯、乙苯、1,2-二氯丙烷、1,2,3-三氯丙烷、1,4-二氯苯、萘、苯并（a）蒽、苯并（b）荧蒽、苯并（k）荧蒽、苯并（a）芘、茚并（1,2,3-cd）芘和二苯并（a,h）蒽的致癌风险大于 10^{-6}，致癌风险不可接受。苯、甲苯、间/对-二甲苯、邻二甲苯、苯乙烯、1,2-二氯丙烷、1,2,3-三氯丙烷、苯酚和苯并

（a）芘的非致癌危害商大于 1，非致癌风险不可接受。

项目场地地下水中苯酚和邻苯二甲酸二（2-乙基己基）酯的风险可接受。苯、乙苯、1,2-二氯丙烷、二氯甲烷、1,1-二氯乙烷、1,2-二氯乙烷、氯仿、萘苯并（a）蒽、苯并（a）芘和1,4-二氯苯的致癌风险大于 10^{-6}，致癌风险不可接受。苯、甲苯、乙苯、对/间二甲苯、邻二甲苯、苯乙烯、1,2-二氯丙烷、二氯甲烷、1,2-二氯乙烷、1,2,3-三氯丙烷、氯苯、氯仿、萘和 1,4-二氯苯的非致癌危害商大于 1，非致癌风险不可接受。

土壤和地下水中多种污染物的人体健康风险不可接受，需要进行修复治理。土壤最大污染深度为 14 m，修复至 14.5 m，待修复土方量为 926 009.36 m^3。地下水修复面积为 143 554.73 m^2，覆盖全部生产区及储罐区，含水层厚度约为 6.65 m。

4.6.2　建议

场地环境调查及风险评估结果表明，本项目场地土壤及地下水中石油烃、PAHs 及卤代烃的污染程度超过了居住用地风险可接受水平，需进行修复工作，故对场地相关事宜作出以下建议。

一是将场地内土壤清挖外运时，应对清挖外运土壤进行分析并确保其适宜相关用途，避免使用不当造成危害；

二是考虑场地调查及风险评估过程中存在不确定性，在施工过程中如发现超标或其他异常情况应及时采取妥善措施并向生态环境部门汇报；

三是考虑项目场地污染物迁移扩散情况，建议尽快对该场地制定修复技术方案，开展修复工作，避免污染范围进一步扩大。